JN185892

機密情報の保護と
情報セキュリティ

畠中 伸敏［著］

日科技連

まえがき

この10年の間に情報通信技術は飛躍的に発展した．最先端の軍事衛星の解像度は10cm～15cmといわれ，平和目的で地表面の歪みを集めてくると，地震の予知が可能といわれている．Googleは無料のアプリケーションの提供により取得した情報をもとに，広告収入を得るビジネスモデルを構築し，Facebookは会員情報をもとに，広告ビジネスやゲームアプリの販売を手掛けている．

このように，携帯電話，スマートフォン，GPS，Facebook，Googleをとおして，多種多様なデータの収集や分析が可能となったが，スマホの写真撮影ではGPSの位置情報を記録し，Facebookでは投稿した画像やテキストをFacebook社が使用することを認めることが条件となる．

これを受けて，欧州閣僚理事会では，「忘れられる権利」の強化，パーソナルデータのハッキングの通知，データポータビリティの権利に関するものが討議され，2015年6月15日に内相・法相会議にて，欧州データ保護規則案を承認した．

一方，日本では，個人情報の保護に関する法律(個人情報保護法)が2003(平成15)年5月に公布されて10年強を超え，個人情報保護法が2015(平成27)年9月9日に改正され，平成29年度に全面施行の予定である．

現行法の第1条の目的は，「個人情報の有用性に配慮しつつ，個人の権利利益を保護することを目的とする」であったが，改正された法律では，「個人情報の適正かつ効果的な活用が新たな産業の創出並びに活力ある経済社会及び豊かな国民生活の実現に資するものであることその他の個人情報の有用性に配慮しつつ，個人の権利利益を保護することを目的とする」となる．

ところで，この10年の間に情報セキュリティ特性が変化し，ハッカーやクラッカーと呼ばれる集団の性格や攻撃方法が変化している．ハッカーやクラッカーは組織的となり，攻撃方法も，個人を対象とするものよりも，組織内部への侵入拡大を試みるようになった．

情報セキュリティ特性の時代的変化に対して，企業や機関は，柔軟に組織の体質を変化し，組織改善を図る必要があるが，セキュリティホールや脆弱性を放置し，外部からの攻撃を受けて，初めて情報セキュリティ上に欠陥があることに気づく場合が多い．例えば，ソニー・コンピュータエンタテイメントのゲーム機プレイステーション3のサービスサイトの7,000万人の個人情報の漏えいの事件では，Open SSH 4.4の古いバージョンのソフトを使用していたために，ハッカー集団からの侵入を容易にした．

時代の変化に呼応すべく，ISO/IEC 27001(情報セキュリティマネジメントシステム)は2013年に改訂され，個人情報保護法は2015(平成27)年9月9日に改正された．時代の変化のなかで，情報技術の何が変化し，情報セキュリティ上，どのようなリスクが新たに生じているかを，明確にすることが本書の目的である．

本書のおおまかな章の流れは，第1章「機密情報とは」で，機密情報にどういうものがあるかを解説し，第2章「機密情報の漏えいのインシデントと脆弱性」，第3章「情報媒体の特性と脆弱性」，第5章「ネットワーク攻撃と防御」，第6章「標的型サイバー攻撃」で，情報技術の進展に伴い，新しく生じたリスクについて紹介する．次に，第4章「本人確認と生体認証」，第7章「定性的リスク分析」，第8章「個人情報保護システムの設計」，第9章「組織風土の改善」で，将来の予見を含めて，機密情報の保護のあり方を，情報セキュリティの観点から解説する．

最後に，読者の方々には，リスクを回避しながらも，新しい事業の創出や活力ある事業の展開を祈念し，出版にあたってご尽力いただいた日科技連出版社取締役の戸羽節文氏，課長の鈴木兄宏氏に心からの謝意を表します．

2015年11月吉日

乳頭温泉郷　鶴の湯別館　山の宿にて

畠　中　伸　敏

機密情報の保護と情報セキュリティ 目次

第1章

機密情報とは

特定秘密保護法が2013(平成25)年12月6日に成立し同月13日に公布され，2014年12月10日に施行された．この法律は，日本の安全保障に関する情報のうち「特に秘匿することが必要であるもの」を「特定秘密」として指定し，取扱者の適性評価の実施や漏えいした場合の罰則などを定めたものである．しかし，実務的な管理や機密管理の具体的方法については，十分に検討されていない．本章では，企業が密接にかかわる企業の機密情報について，その漏えいのインシデントと脆弱性について述べ，機密情報の管理方法について解説する．

1.1 秘密の種類

企業の情報には，顧客の個人情報，従業員の個人情報，業務ノウハウ，製品の技術情報，経営戦略上の商品の販売情報など(**図1.1**)が存在するが，情報漏えいが起こると，競争上の優位性を喪失することになる．これらの情報は，大きく分けて，紙媒体とデジタル情報(ネットワーク化されたコンピュータの情報)に分類され，盗聴，改ざん，なりすまし，破壊，不正プログラムの埋め込み，踏み台(攻撃元の特定を困難にするため，中継した他サイトになりすますこと)などの不正行為の脅威に曝される．

紙媒体で存在する情報を盗み出すためには，紙媒体そのものが保管されているキャビネットや金庫が設置されている場所に，物理的に出向く必要がある．逆に，紙媒体が盗まれていると，紙そのものが保管されている場所から消えていることから，存在していた場所からなくなったことがわかる．

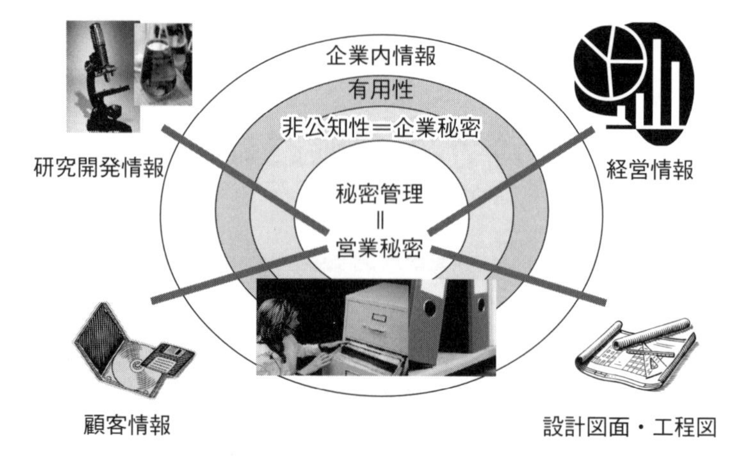

図 1.1　企業情報の種類

ところが，デジタル（ネットワーク化されたコンピュータの情報）の場合は，遠隔地からコンピュータシステムに侵入し，情報を覗き見たりすることができ，わざわざ出向く必要はない．内部の者が外部の悪意のある者に情報を引き渡したり，複製することも容易である．紙媒体と違ってたとえ情報を持ち出しても物理的に原形を留めていることから，盗聴，改ざん，なりすまし，破壊，不正プログラムの埋め込み，踏み台などの不正行為の発生に気づくことは少なく，調査をしないと発覚しない．

例えば，従業員が退職時に顧客名簿を持ち出して，ライバル会社に転職すると，ライバル会社に有望な顧客が奪われるなど，競争上の優位性を喪失する．また，電車の中に鞄を置き忘れたり，コンビニに入っている間に車上荒らしに遭い仕入先リストを鞄ごと盗まれれば，製品の価格優位性を喪失する．開発中の製品技術や製造方法が漏えいすると，競合他社は何ら開発投資することなく，製品開発や製造のノウハウや知的財産を獲得することになる．

事件や事故によって漏えいした機密情報の場合，不正競争防止法を適用して当該機密情報を取り戻す方法がある．不正競争防止法を適用するための要件としては，「営業秘密」としての「秘密管理性」，「有用性」，「非公知性」があり，不正使用の侵害行為に対して，差止請求や損害賠償請求などの法的措置を講じることができる．ここで，それぞれの定義と要件は次のとおりである．

- **秘密管理性**：秘密として管理されていること．
  —情報に触れることができる者を制限すること(アクセス制限)．
  —情報に触れた者にそれが秘密であることが認識できること(客観的認識可能性)．
- **有用性**：有用な営業上または技術上の情報であること．
  —当該事業者自体が客観的に事業活動に利用し利用されている．
  —経費の節減，経営効率の改善に役立つ(現実に利用されていなくてもよい)．
- **非公知性**：公然と知られていない．
  —保有者の管理下以外では一般に入手できない．

1.2　個人情報のリスク

ところで，個人情報の主体者である本人の権利の行使のみでなく，漏えいすると大きな社会的な問題を起こす企業情報の一つに個人情報がある．これを受けて，2003(平成15)年5月30日に個人情報保護法が公布され，2005(平成17)年4月1日に全面施行された．同法の制定は個人情報に関係する事件・事故の牽制球とはなっている．

大まかな個人情報のリスクには，不正アクセス，破壊，改ざん，紛失，漏えいがある．職場内の整理整頓がうるさくいわれるのは，重要な個人情報の紛失を防ぐためである．顧客からの預り品や，成果物の納品の際に生じる「移送」や「保管」のリスクが高く，個人情報の漏えいが頻発する(**図1.2**)．

保管については，顧客情報を重要な情報資産として特定し，鍵のかかるキャビネットなどに保管する．持ち出すときは，責任者に許可を得て，記録簿に記入して持ち出し，返却したら記録簿に日付を記入する．要は権限のある者だけがアクセスできるようにし，紛失を防ぎ，劣化・損傷を防ぎ，容易に検索できる施設内で保管し，維持することである．これは取りも直さず，重要な個人情

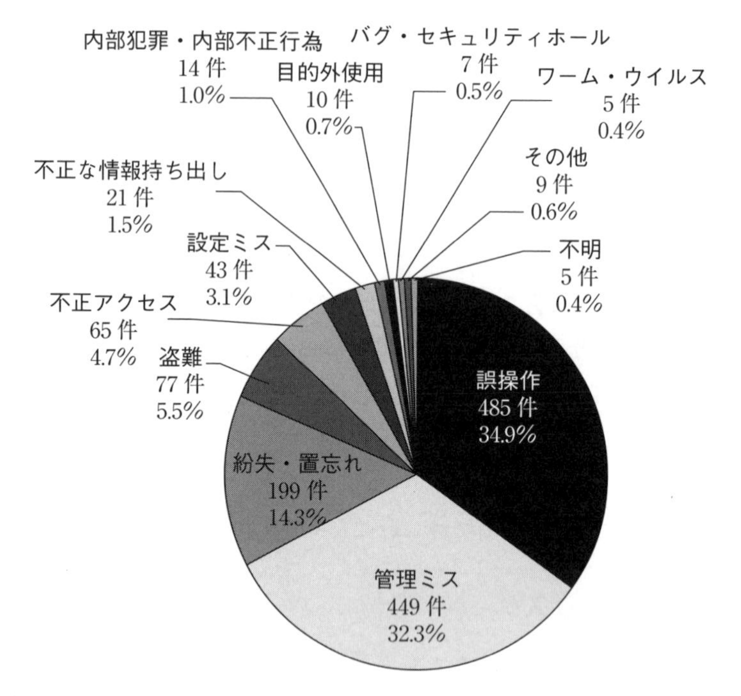

出典）NPO日本ネットワークセキュリティ協会セキュリティ被害調査ワーキンググループ：「2013年情報セキュリティインシデントに関する調査報告～，個人情報漏えい編～ 第1.2版」，日本ネットワークセキュリティ協会，2015年2月23日改訂．

図1.2　個人情報保護法施行後の漏えい事件の報告状況

報にアクセスしようとする者が正当な権限をもつ本人そのものであることを認証することにほかならない．

情報セキュリティの立場で考えると，「何々が無かりせば」とか，「リスクが現実化した場合」のことを考えて対処することであるといわれる．

■情報漏えい事故防止へのアプローチ

図1.2では，誤操作，管理ミス，紛失・置忘れが上位3位を占め，人的ミスの発生が多い．一方，事件性のあるものは，上位3位に続く，盗難，不正アクセス，不正な情報の持ち出しである．人的ミスの軽減については，個人情報保

護の重要性の認識など，企業の従業者の意識が重要である．個人情報保護の仕組みを構築して，人的ミスの発生を軽減すると同時に，盗難，不正アクセス，不正な情報の持出しの防止のための対策を講じる必要がある．

2004 年 9 月 30 日，子供病院の患者カルテの流出事件では，31 歳の女医が勤務先の病院から約 280 名の患者の名前と病名を入力した PC を自宅に持ち帰ったところ，空き巣に入られ患者の個人情報が漏えいした．もし患者のカルテを記憶した PC を自宅に持ち帰らなければ，空き巣が入って PC を盗まれても，患者のカルテが流出することはない．

2006 年 4 月 10 日，目黒星美学園，教頭の PC から 80 名の生徒の氏名と点数が Winny（ファイル交換ソフト）を経由してインターネット上に流出した．この他にも Winny による情報漏えい事件は，岡山県倉敷署の捜査員，刑務官による受刑者個人情報の流出，42 歳の航空機機長の各空港の入館パスワードの流出がある．組織の統制が行き届き，セキュリティの最先端と称される職業の人からの個人情報の流出が案外多い．いずれの場合も不正ソフトのダウンロードをしていなければ，まさか大きな事件・事故の当事者になるとは思わない．

危ないことはそもそもやらないというアプローチの一方で，リスクは現実化するという，悪いことが起こることを前提としたアプローチがある．PC が盗まれることを仮定する，あるいは PC が Winny の被害に遭った状態を仮定して，情報セキュリティのあり方を議論すると，仮に PC が盗まれ，自分の大事な情報がインターネット上に流出したとしても，ファイルを暗号化しておくことで，ファイルの中身を読み取ることができないようにする，という対策もある．

1.3　情報セキュリティ特性の変化

情報セキュリティ特性は次のとおり変化している．

①　感染拡大　→侵入拡大

②　不特定多数の個々　→標的型（関連組織を含む組織全体）

③　ハッカー，クラッカー集団　→組織的（国家的）

④　ハッキング(技術力の誇示)　→情報窃取(偵察)工作
　　　　　　　　　　　　　　　→妨害工作(重要インフラへの破壊工作)

⑤　ビジネス分野　　　　　　　→軍事産業分野

某研究機関の情報のハッキングを狙った事件の例では，ハッカーやクラッカーからの攻撃の形態が変化し，国際政治，市場権益問題(国際公共財)，知財問題，安全保障，軍事作戦，国の危機管理体制などへの攻撃が主体となっている．

情報セキュリティではリスクの大きさを経済活動の一環で考え，どのようなリスク結果も，最終的には金額換算してリスク評価する．しかし，日米の政府を対象とした，機密情報の漏えい問題は，従来の情報セキュリティとは一線を画している．標的型サイバー攻撃の狙いは，組織的(あるいは国家的)攻撃の色彩が強く，国際政治上の問題へと波及し，対象も，ビジネス分野から，危機管理部門，知財部門，軍需部門を巻き込んだ軍事産業分野へと拡大している．

ウイルスによる攻撃の対象は，ハッキングや相手のシステムの機能停止に主眼が置かれていたが，国際政治にかかわる機密情報の入手に目的が変化したことで，国家組織をはじめとする組織情報の収集監視と社会基盤にかかわる情報システムの破壊を目的としている．

攻撃目標も組織内に従事する個々人ではなく，関連組織を含む組織全体に及んでいる．某研究機関の情報のハッキング事件[4]では，告発担当者の窓口にウイルスメールを送り，感染者の告発担当者の窓口をキーにして，担当者のパソコンから，運用サーバや管理サーバへのアクセスを試みている．その攻撃は組織全体に及び，攻撃の核心は組織への侵入拡大にある．

告発担当者の窓口のパソコンがウイルスに感染していることに気づかず，情報漏えいの発覚までに，インド，メキシコのサーバと数百回交信し，計800件の情報が漏えいした．仮に，攻撃されていることに早く気づくことができれば，早期の解決が可能である．そのためには，組織に判断を求め，組織対応の体制を整えることが，最大の防御となる．

1.4　内部リスク要因と外部リスク要因

1.4.1　外部リスク要因

内部要因と外部要因を組織の内部と外部に分けてリスク要因を考える方法もあるが，サーバに多くの情報が集まることから，サーバが最も攻撃を受けやすい．サーバを中心としたコンピュータシステムの外部と内部に分割することができる．

もちろん，組織外から組織内への人への攻撃も存在し，外部リスクには自然災害，テロ，戦争，コンピュータシステムへの不正侵入がある．一方，内部リスク要因には，悪意によるコンピュータシステムの不正使用や機密情報の不正持出しがある．また，人の誤りや怠慢によって発生する事故や障害がある．

通信ネットワーク上を行き交う情報には，「音声」，「データ」，「機器の制御情報」があり，そのいずれも攻撃の対象となる．航空管制システムでは，機密情報がデータでも流れるが，侵入経路の確認や，着陸指示は管制官の声が流れる．また，発電所や工場では制御システムが動作している．制御情報が破壊されると制御システムは停止，制御不能，暴走に追い込まれ，大惨事を引き起こす可能性がある．

情報処理推進機構[3]によれば，ウイルスの届出の件数は2005年57,174件から，2012年7,895件に，約1/7に減少している．ウイルスの届けにはカウントされないが，むしろ，標的型ウイルスや水飲み型ウイルスが増大し，マルウェア(悪意のあるプログラムの総称)の脅威が巧妙化，凶悪化している．

大量のデータを送信して，相手のネットワークシステムやコンピュータシステムを機能停止に陥れるDoS攻撃(Denial of Service：サービス不能攻撃)は別として，外部からの内部コンピュータシステムへの侵入を成功させるためには，IDおよびパスワードの取得が必要不可欠となる．通常は，事前調査，権限取得，不正実行，後処理のプロセスを経る．これらの各段階で，マルウェアが攻撃用ツールとしてパッケージ化される．逆に，プロセスの途中で，コンピュータシステムが攻撃を受けていることが発覚すれば，コンピュータシステムの侵入や機密情報の漏えい防止が可能となる．

① **事前調査**[3]

相手のコンピュータシステムに侵入するために，相手のコンピュータシステムの脆弱性や侵入の糸口を探る．初期の調査としては，IPアドレス，サーバ名，サーバソフトウェア，OSの種類とバージョンなどに関する情報を収集する．

② **権限取得**[3]

パスワードクラッカーなどのツールを用いて，相手のコンピュータシステムに侵入するためのIDやパスワードを取得する．通常，一般ユーザ権限をベースに特権ユーザ権限を保有する管理者権限を獲得すると，コンピュータシステム全体への侵害が行われる．

③ **不正実行**[3]

IDとパスワードを不正入手すると，情報の盗み出しや，盗聴，改ざん，なりすまし，不正プログラムの埋め込み，踏み台などの不正行為が行われる．本人が気づくことがなく，長期間にわたって不正行為が行われ，機密情報がインターネット上に流出し外部の人間から初めて知らされる場合がある．

④ **後処理のプロセス**[3]

不正行為が終了しても，本人や組織は情報の漏えいについて気づくことは少なく，外部からの指摘により発覚する場合が多い．侵入者は，侵入の痕跡を消すために，ログの消去を行い．次回の侵入のために，バックドア(裏口)をつくって，コンピュータシステムから退出する．

ハッカーやクラッカーの攻撃は，ネットワークを介して行われるが，某研究機関の情報漏えい事件のように，メールを介して行われる場合が多い．

メールシステムは，外部から来たメールを別の外部に転送する機能(第三者中継機能)を有していることから，踏み台とされやすい，この機能は停止しておく必要がある．また，送信元の認証がないため，メールサーバの設定が許せば誰でもメールサーバを利用することができ，送信元を書き換えることができなりすましが容易にできる．メールの本文が平文であるため，盗聴や改ざんなどに対する耐性がない．パスワードが平文であることから，受信時にPOP3による認証があるが，パスワードは平文で流れることから，パスワードの盗み取りとなりすましが容易であるなどの脆弱性がある．したがって，ネットワークシステムの内部セグメントと接続されているPC上でメールを開くのではなく，メールを開くPCは内部セグメントの外に置くなどが推奨される．添付ファイルについては暗号化の秘匿を行い，パスワードロックを掛ける．

1.4.2　内部リスク要因

セキュリティホールや脆弱性のある欠陥は，外部からの攻撃に曝されるが，リスク分析もせずに放置することは，組織や個人の責任となる．例えば，ゲーム機販売会社の会員サービスサイトの7,000万人の個人情報の漏えいの事件では，Open SSH 4.4の古いバージョンのソフトを使用していたために，ハッカー集団からの侵入を容易にした．コンピュータシステムを管理する資源管理システム(OS：オペレーティングシステム)がメンテナンス(保守)を打ち切っていたり脆弱性があると，外部からの攻撃を受けやすい．2015年にWindows 2003のメンテナンスが打ち切られたが，いまだにWindows 2003サーバを使用している多くの企業がある．更新費用の関係からOSの更新を躊躇しているのである．脆弱性対策としては，セキュリティパッチを常に行うことである．脆弱性を解消することは，重要な機密情報を管理する組織や個人の責任である．

OS以外にも，Webブラウザ，メールソフトの脆弱性，Webアプリケーションの脆弱性がある．これらの脆弱性を突いた攻撃ツールには，クロスサイトスクリプティング攻撃(cross site scripting attack)，SQLインジェクション攻撃(SQL injection attack)，DNSキャッシュポイズニングがある．

組織内部の人間に起因するものとしては，国内の鉄鋼会社の退職者が他国の鉄鋼会社に高性能の鉄鋼製品の製造技術情報や図面データを盗用した例がある．企業業績が悪化すると，リストラに遭った元従業員が新興国で就業の機会を見出すために，重要な機密情報の持出しが発生する可能性がある．企業側としては，機密情報の漏えい防止と同時に，退職者との機密保持契約の締結が重要となる．

悪意による機密情報の持出し以外に，悪意ではないが，人的ミスによる機密情報の漏えいや紛失がある（**図 1.3**）．紙媒体で存在する機密情報の持出しや盗難については，キャビネットや書庫を設け，鍵管理者を定め鍵管理により，持出しや盗難の発生が軽減できる．また，紙媒体の機密情報の紛失については，授受確認の記録を取得する．機密情報を電車や車で移送する場合は，身体から離さないなどの運搬ルールを規定化することによって紛失のリスクを低減できる．

教育や経営者のコミットメントにより，組織内の従業者の機密情報の保護の重要性の認識を高めると同時に，コンピュータシステムの脆弱性を解消することが重要である．

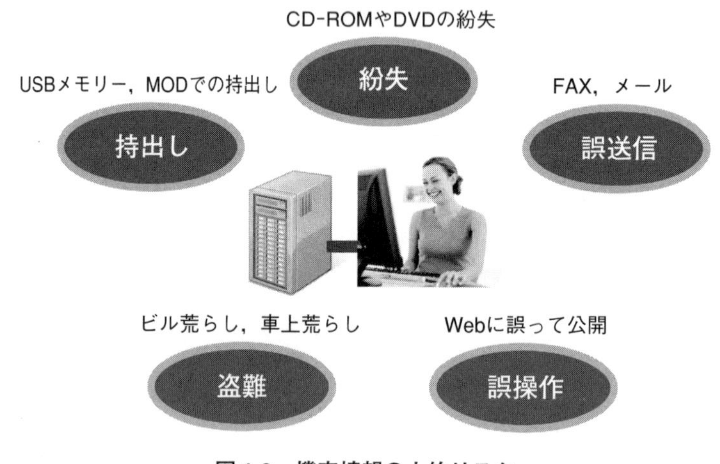

図 1.3　機密情報の人的リスク

参 考 文 献

[1]　経済産業省知的財産政策室：「営業秘密と不正競争防止法」，2013 年 8 月，2013.

[2]　NPO 日本ネットワークセキュリティ協会セキュリティ被害調査ワーキンググループ：「2013 年情報セキュリティインシデントに関する調査報告～個人情報漏えい編～第 1.2 版」，日本ネットワークセキュリティ協会，2015 年 2 月 23 日改訂，2015.
http://www.jnsa.org/result/incident/data/2013incident_survey_ver1.2.pdf

[3]　情報処理推進機構：『情報セキュリティ読本 四訂版』，実教出版，2013.

[4]　川合智之：「サイバー攻撃 手口巧妙に」，『日本経済新聞』，2013 年 4 月 14 日朝刊，2013.

第2章

機密情報の漏えいのインシデントと脆弱性

2.1 クラウドコンピューティングのセキュリティ

2.1.1 クラウドとは

米国の国立標準技術研究所(National Institute of Standards and Technology：NIST)は，クラウドを「サービスプロバイダーとのやり取りが最少でコンフィギュレーションでき，最少の管理手順で，ネットワーク，サービス，記憶媒体，アプリケーションの資源が共有できる．必要に応じて資源の組合せや様態を，すばやく変化させるモデルで，ユビキタス，利便性のため，ネットワークをオンデマンドに使用できるモデル」と定義している．

クラウドコンピュータは，次の5つの本質的特性をもち，3つのサービスモデル，4つの展開モデルから構成される[1]．以下にそれぞれについて，解説する．

(1) クラウドの特性

① **オンデマンド・セルフサービス(on-demand self-service)**：オンデマンドで活用

顧客が，サービスプロバイダーの人的関与を介せずに，一方的にコンピュータ能力(サーバ利用時間，ネットワークの記憶場所)を必要に応じて自動的に手に入れることができる特性．

② **幅広いネットワークアクセス(broad network access)**：使用環境や利用端末に依存しない

モバイルフォン，タブレット端末，ラップトップ端末，ワークステーションなど，標準的に使用されている端末であれば，端末に依存することなく，ネットワークおよびサービスにアクセスできる特性．

標準端末であればデバイスの種類に依存しない．

③　**ネットワーク・コンピュータ資源の共有(resource pooling)**：場所に独立

マルチテナント(一つの物理的環境を複数の顧客で利用すること)のモデルを用いて，顧客の要求によって，物理的なネットワークおよびコンピュータ資源が，仮想的かつ動的に割り付けられ，再割り付けされる．複数のプロバイダーの資源を，複数の顧客で共有すること．

顧客は一般的に，プロバイダーの正確な物理的な所在地などを知ったりできない．また，制御することはできないが，国，州，データセンターなどの上部階層での情報を特定することは可能である．資源の例としては，記憶媒体，処理能力，メモリ，ネットワーク帯域などがある．

物理資源を保有するプロバイダーの集合体のある箇所に，顧客の要求に応じて，物理的資源が，仮想的かつ動的に割り付けられる．

④　**スピーディな拡張性(rapid elasticity)**：資源の自動拡張(スケールイン，スケールアウト)

ネットワークおよびコンピュータ資源の能力は，弾力的に資源が割り振られ，提供される．ある場合には自動的に，顧客の要求とともに，急速にスケールイン，スケールアウトされる．無制限に資源が与えられるかのように，ある場合には，何時いかなるときにも，顧客のサイドに適切な量の資源が提供される(**図 2.1**)．

顧客の要求に応じて，ネットワークおよびコンピュータ資源が，弾力的にスケールイン，スケールアウトされる．

⑤　**サービス量の計測(measured service)**：透明性のある監視・制御と報告

クラウドシステムは，必要資源の能力との均衡を保ちながら，サービ

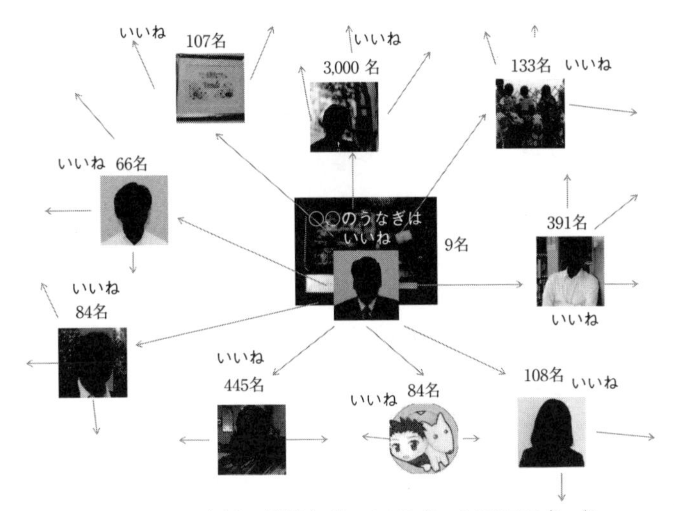

Facebook の友達の連鎖(9 名→4,418 名→2,168,747 名→)

図 2.1　クラウドの拡張性

ス(記憶媒体，処理能力，メモリ，ネットワーク帯域)の種類に適した管理レベルで，提供される資源の量が自動的に制御され，必要な資源の量に最適化が図られる．

また，最終的に利用された資源の利用状況は，モニタリングと制御がなされ，プロバイダーと顧客の両方に透明性をもって，報告される．

(2)　サービスモデル

①　SaaS(Software as a Service)

プロバイダーから顧客に提供されるサービスは，利用者ごとに課金あるいは支払われるクラウドのインフラ上で走るアプリケーションのサービスである．

アプリケーションは，Web ブラウザやプログラムのインタフェース画面のように，シンクライアント(thin client)としてのみでアクセス可能で，アプリケーションのなかで使用される変数を除いて，ネットワークやサービス，OS，記憶媒体，個々のアプリケーションを管理し制御することはない．

② PaaS(Platform as a Service)

顧客が，アプリケーションを導入あるいは開発するのに必要な言語やプログラムモジュール，ツールをプロバイダーからサービスを受けることである．

アプリケーションが動作するのに必要な環境(アプリケーションのホスト環境)および顧客が開発あるいは導入したアプリケーションのなかで使用される変数を除いて，プロバイダーが提供するアプリケーションの範囲を越えて，ネットワークやサービス，OS，記憶媒体，個々のアプリケーションを管理し制御することはない．

③ IaaS(Infrastructure as a Service)

OSとアプリケーションを含み，任意のソフトウェアを実装し走らせるために必要な処理能力や記憶媒体，ネットワーク，その他の基礎的なコンピュータ資源を提供するサービスである．

アプリケーションのホスト環境に対して，実装されたアプリケーション，可能なコンフィギュレーションに限定され，これを超えてクラウドの傘下にあるネットワークやサービス，OS，記憶媒体を含むインフラストラクチャを管理し制御することはない．

(3) 実装モデル

① プライベートクラウド(private cloud)

クラウドのインフラストラクチャは，事業単位で使用され，組織あるいは第三者によって管理され，運用される．インフラストラクチャは組織の施設内または外部となる．

② コミュニティクラウド(community cloud)

責務，セキュリティ要求，方針，法令などが共通する特定のコミュニティ(団体または集合体)で，インフラストラクチャが活用される．コミュニティ自身あるいは第三者によって管理され，運用される．インフラストラクチャはコミュニティの内部または外部となる．

③　**パブリッククラウド（public cloud）**

クラウドのインフラストラクチャは，公共的に開放して使用される．事業用として，学術的に，政府機関によって，結合したいくつかの組織が管理し運用する．インフラストラクチャはプロバイダーの施設内に存在する．

④　**ハイブリッドクラウド（hybrid cloud）**

プライベートクラウド，コミュニティクラウド，パブリッククラウドの内，2つ以上を組み合わせたクラウドインフラストラクチャを，ハイブリッドクラウドという．

データとアプリケーションの移動を容易にするため，標準化と固有の技術によって，クラウドインフラストラクチャは互いに結合されている．（すなわち，クラウド間の関係は棚上げし，ロードバランスを図る．）

2.1.2　マルチテナントとシングルテナント

クラウドとASP（Application Service Provider）の違いは，マルチテナントであるかシングルテナントの違いといわれる場合もあるが，本質的な違いはない．クラウドのセキュリティを考えるときに，複数の企業が同一物理的資源（あるいはシステム）を共有し，異なる企業のサービスを提供する場合は，マルチテナントと称し，同一物理的資源のなかに，単一の企業が，資源を用いてサービスを提供する場合は，シングルテナントと称する（**図2.2**）．

マルチテナントで，システムやネットワーク，物理的資源を共有していると，システム障害やネットワーク障害が発生したときに，資源を共有している企業のサービスが影響を受け，サービスの提供を行えなくなる．

同様に，ID管理や決済サービスを複数の企業で，共有している場合にも，サービスの提供に障害を生じる．これ以外にも，クラウドサービスのコントロールパネルは複数の企業で共有することから，コントロールパネルの脆弱性を

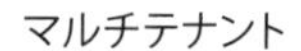

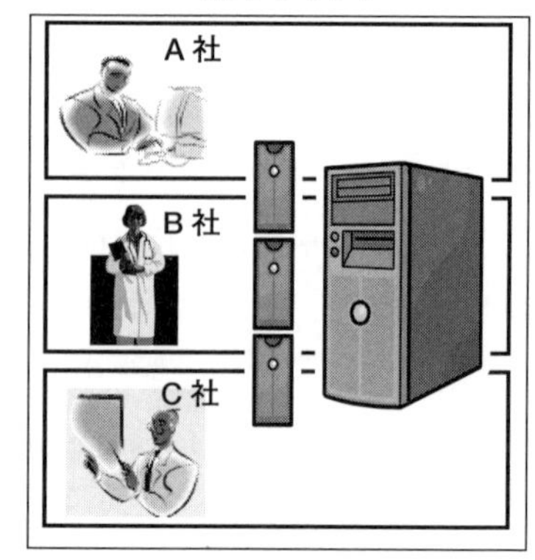

図 2.2　シングルテナントとマルチテナント

狙った攻撃を受けると，すべてのサービスが停止する．

コントロールパネルの脆弱性を狙って攻撃するリスクとしては，次のものがある[2]．

- 統合管理環境に関する脅威
  —IaaS，PaaSの運用コンソール(GUI，CUD)に対する攻撃
  —SaaSの管理者用パネルに対する攻撃
- 監視環境に関する脅威
  —システム管理のための監視サービスへの攻撃
  —システムログの改ざん

2.1.3　セキュリティ上の利点

(1)　セキュリティへの投資効果

クラウド上に蓄積された膨大なソフトウェアとデータは，攻撃者からは格好の標的となるが，拡張性があり，セキュリティの投資面から考えて，費用対効果がある．セキュリティに同じ金額を投資した場合，システムの規模が大きいほど，システム全体に占める防御に要するコストの割合は低くなる(**図 2.3**)．

セキュリティ対策として，「フィルタリング，パッチ管理，仮想マシンやハ

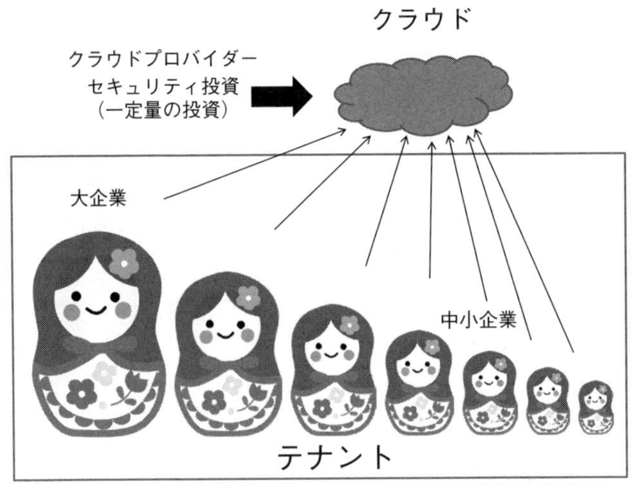

図 2.3 クラウドの投資

イパーバイザの強化，人材の確保，管理および身元調査，ハードウェアやソフトウェアの冗長性，強力な認証，効率的な役割ベースのアクセス制御およびID 管理連携ソリューション」[5], [6]があるが，これらはクラウドプロバイダーが費用負担を行い，システムの規模が大きいほど，システム全体に占める防御に要するコストの割合は低くなる．仮に，デスクトップコンピュータ上のシステムでは，システム単位でセキュリティ投資を行うことによって，大きな投資を行う必要がある．**図 2.2** に示したように，複数のテナントが同一のクラウドを活用したとすると，複数のテナントで投資金額を分担することになり，1 クラウド当たりの投資額が少なくなる．つまり，費用対効果が大きい．

(2) 複数のロケーション

図 2.4 に示すように，複数の場所に，テナントのコンテンツを複製して保管することができ，災害時などのリカバリーは高い．また，仮に 1 箇所で災害や，データやコンピュータシステムの破壊が発生しても，コンテンツを保管し

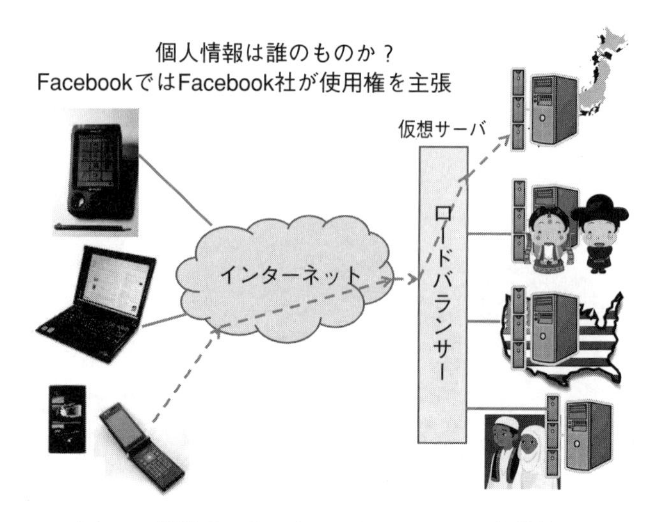

図 2.4　複数のロケーションにコンテンツを保管

ている IDC（データセンター）の場所の独立性が高く，コンテンツの冗長性が高い．

(3)　末端ネットワーク

ネットワークの末端で，データの保管，処理や配信が行われ，仮に障害や破壊が発生しても，ローカルに処理され，クラウドの中枢や全体に及ぶことは少ない．ただし，適切に運用されていることが前提である．

(4)　タイムリーな対応

クラウドの一部で発見されたマルウェアに対して適正に解決が図られると，クラウド内部の他への展開が図られ，結果的に早期の解決に結びつく．

(5)　脅威の管理

デスクトップコンピュータ上のシステムでは，人的資源の活用に制限があり，投資も限定的となる．クラウドでは事業規模に応じた，人材の活用が可能であり，セキュリティの専門家の確保が容易である．

SaaSの場合は，データレコードを呼び出すためのAPIコールがあり，PaaSの場合は，プロバイダーが提供するAPIレイヤ(プラットフォームに特化したAPIコール)を用いる方法と，バックエンドのデータ格納と互換性のある方法で，プログラム開発が可能である．IaaSでは，プロバイダーからハイパーバイザベースの仮想マシンが提供される．

ここで，API(Application Program Interface)とは，プロバイダーが構築したデータレコーダやプラットフォームのことで，クラウドと利用者との間で，インタフェースの仲立ちをする．また，ソフトウェアコンポーネントが互いにやり取りするために必要なインタフェースの仕様のデータ構造，サブルーティン，オブジェクトクラス，変数などの仕様を含んでいる．また，インスタンス(instance)とは，コンピュータプログラムやデータ構造などを，メインメモリ上に展開して処理・実行できる状態にしたものである．プロバイダーのAPIをとおして，クラウド上に張られた仮想的な資源が，利用者に割り当てられたものである．

一般的に，クラウド上の資源は利用者から見ることができず，逆に攻撃者からも見ることはできないので，その分，安全性はデスクトップのコンピュータよりも高いといえる．したがって，攻撃者の攻撃は，APIとバックエンドのデータ格納と互換性のある方法で開発されたプログラムに集中する．防御する側からは，この2つの側面を護ればよいことになる．

これはちょうど老爺が助けた「鶴の恩返し」の話のように，障子の向こう側は見えないが，鶴が自分の羽毛を用いて機を織る様子に似ている．**図2.5**に示すように，クラウドの利用者が，APIの画面をとおして，クラウド上に張られた仮想的な資源の要求を行い，プロバイダーからSaaS，PaaS，IaaSのサービスの提供を受ける．仮想的な資源の割付けの様子を，**図2.5**の左側上部に示す．

クラウドの中身を利用者が可視化して見ることはできないが，クラウド上に蓄えられたデータやソフトウェア資源は，どこかのIDCのサーバやハードディスク上に保管され，物理的実態が存在している．利用者とIDCの間は雲に

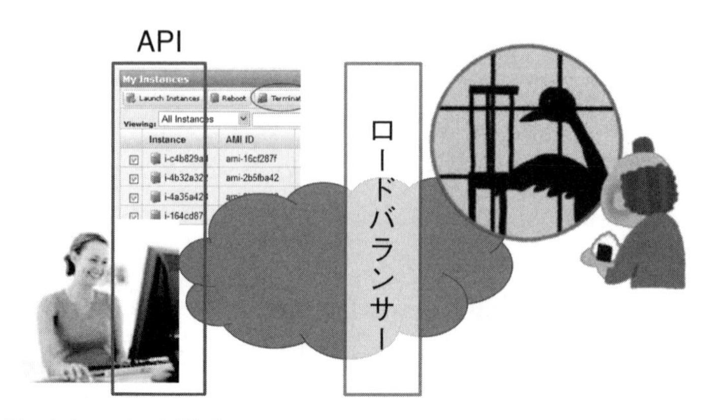

出典）図の左上の PC の画像は Giles Hogben: "ENIS - Cloud Computing Security Strategy," ENIS, 2009.
https://www.terena.org/activities/tf-csirt/meeting30/hogben-cloudcomputing.pdf

図 2.5　クラウドの安全性

包まれているが，この様子を障子の向こう側の鶴に譬えられる．

2.1.4 主なリスク[5],[6]

クラウド特有の主なリスクは，複数の企業が同一資源(あるいはシステム)を共有するものとして，ストレージ，メモリ，ルーティングがあり，また，異なるテナント間での「隔離の失敗」により，ゲストホッピング攻撃などのリスクが生じる．クラウドの性格上，ネットワークやサーバを共有することから，複数のテナント間でストレージやルーティングを隔離するメカニズムが不十分だと，ハイパーバイザの脆弱性，リソース分離の欠如，内部(クラウド)ネットワークへの偵察行為，共同利用者からの覗き見の可能性が発生する．これらは，個人データの漏えいのみでなく，企業の評判を落とし，顧客からの信頼を喪失させる．

例えば，クラウド上の仮想的なホストを制御しているハイパーバイザ(バーチャルマシンを実現するための制御プログラム)を，悪意のあるハイパーバイザに置き換え，仮想的なホストのもとで実行しているすべての VM(Virtual

Machine：ソフトウェアにより仮想的に構築されたコンピュータ)を乗っ取る．また，仮想的なマシンイメージを盗み取り，別の仮想的なイメージの場所でマウントする，などのリスクがある．

図 2.6 は，クラウドのリスクを俯瞰したもので，クラウド利用者の側で発生するリスク，クラウド事業者の側で発生するリスクを示したもので，図中の爆発マークがリスクの発生箇所を示す．

攻撃者対象は，API と仮想マシン上に構築されたメモリ，仮想化基盤のコントローラ部分に攻撃が集中し，クラウドから抜け出す物理的実態が存在する IDC の運用段階で，攻撃や脆弱性が存在していることを示している．運用段階での脆弱性が具現化した例としては，2012 年 6 月 20 日にファーストネット社が起こした共有サーバのデータ消失の事故がある[9]．顧客件数 5,698 件のデータが，バックアップを取得していなかったために，顧客情報などのデータを復元できず，ドミノ倒しのように被害を生じた．

クラウド業者との契約で重要なポイントは，クラウド業者の評判を聞き，調査して SLA(Service Level Agreement：サービスレベル合意書)を交わすことである．SLA は，クラウドプロバイダーが利用者に対して，品質保証のレベルを示したもので，混雑時の通信速度，処理速度，障害時やメンテナンス時のアベイラビリティや，ダウンタイムなどの保証項目を入れ，サービスの品質項目が達成できない場合の補償について取り交わすものである．利用者は，SLA をとおして，クラウドの品質項目や品質の達成度合いを知ることができる．

その他，主なリスクとして，ガバナンスの喪失，ロックイン，隔離の失敗，コンプライアンスに関するリスク，管理用インタフェースの悪用，データ保護，セキュリティが確保されていない，または不完全なデータ削除，悪意のある内部関係者がある．

■ ENISA が挙げる 8 つのリスク

ENISA[5], [6] は，クラウドの主要なリスクとして，次の 8 つのリスクを挙げている．

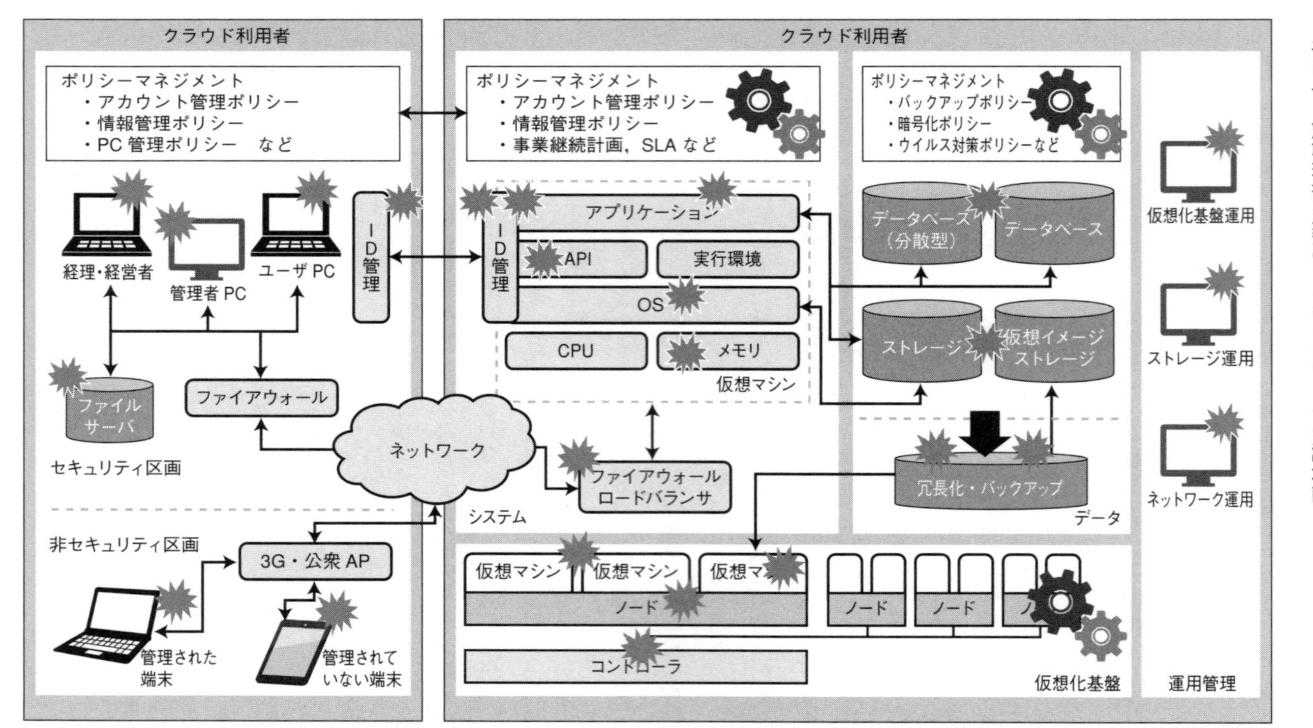

出典）　経済産業省 商務情報政策局 情報セキュリティ政策室：「クラウドサービス利用のための情報セキュリティマネジメントガイドライン 2013 年版」，経済産業省，2013，p. 32.

図 2.6　クラウドのリスクの発生箇所

① **ガバナンスの喪失**

クラウドの利用者は，クラウドプロバイダーにマシンやシステムのみでなく，関連するセキュリティの要求事項についても委譲することになる．SLA に明確に規定していればよいが，サービス提供に伴う責任区分が不明確な場合が多く，利用者側にとってセキュリティ上の漏れとなる．

② **ロックイン(図 2.7)**

クラウドの使用にあたって，API は提供されているが，データやアプリケーションを，他のマシンやシステムに移し換えるためのツール，手順，標準データフォーマット，サービスインタフェースの用意や提供がない場合，他のクラウド事業者や他のマシンへの移行が困難となる．これをロックインと称し，SaaS，PaaS，IaaS の各サービスモデルで，ロックインが生じる可能性がある．

③ **隔離の失敗**

複数の企業が同一資源(あるいはシステム)を共有するものとして，ストレージ，メモリ，ルーティングがあり，また，異なるテナント間での評判の隔離(例えば，いわゆるゲストホッピング攻撃など)の不備が生じるリスクである．今のところ，リソース隔離メカニズムに対する攻撃事例は少なく，攻撃の難易度が高いとされる．

図 2.7　鉄格子の猿(ロックイン)

④　コンプライアンスに関するリスク

クラウドではストレージ，メモリ，ルーティングを複数の企業が共有することから，ISO/IEC 27001で相矛盾する要求事項がある．例えば，一つのテナントで障害が発生した場合，ネットワークは，サービスグループごとに分離することが可能か，物理的な施設，電源ケーブルの配線やサーバの損傷や，妨害が生じたときに，物理的な隔離や保護が可能かどうかの要求事項がある．

ISO/IEC 27001の取得のためには，規格の要求事項を満たしていることを示す証跡の提示が必要である．また，利用者が認証取得することについてクラウド事業者から協力を十分に得られない場合がある．

国際標準，ある種の業界標準や規制事項(金融庁の立入検査，FISCの基準)の適合性の監査に対して，認証取得できない場合がある．

⑤　管理用インタフェースの悪用

従来のホスティングの場合は，サーバの利用者は限定され，インターネット経由のリモートアクセスは制限される．しかし，パブリッククラウドでは，利用者とのインタフェースをとるAPIにWebの脆弱性があると，パブリッククラウド全体に大きな影響がある．

⑥　データ保護

クラウドのサーバが海外に設置されている場合には，その取扱いについて，サーバが存在する国の法律に従って，例えば米国では，FBIの立入りがあると，データベースそのものを持ち帰る場合がある．

また，複数のクラウド事業者が連携している場合には，より複雑となり，データ保護に関するチェックや，データが日本の法律に従って処理されることが困難になる場合がある．

クラウド事業者から，データ処理，データの安全性，データ制御の認証に関する情報の提供を求めることも必要である．

⑦　セキュリティが確保されていない，または不完全なデータ削除

物理的資源やデータを消去する場合には，完全なる処置(読み取り不可能な処置)が求められるが，クラウド上のハードウェアおよびソフトウェアの完全なる処置が行われる保証がない．さらに，クラウド上の仮想的な資源が，複数のクラウドに跨(またが)っていたり，コピーが複数存在していた場合には，ハードウェアの破壊は容易でなく，複数に跨ったコピーの完全なる消去は容易ではない．これらは，すべて利用者側のリスクとなる．

⑧　悪意のある内部関係者

通常，クラウドと称する雲の部分は，システムアドミニストレーターやマネージャー，セキュリティサービスが担当し，クラウド上の資源は攻撃者から見えない仕組みをとっている．しかし，クラウドプロバイダーの内部者が自ら攻撃者となる場合は，高い権限のもとにクラウドのアーキテクチャや利用者の資源に損傷や妨害を及ぼすことになり，利用者への影響が大きい．

つまり，クラウド事業者の評判が悪い場合や，事業に破綻して撤退した場合には，利用者はクラウド上の資源を，他のクラウド事業者や他のマシンへの移行が難しく，利用者が大きなリスクを抱えることとなる．

2.1.5　リスクの種類[5],[6]

ISO/IEC 27001：2006(情報セキュリティマネジメントシステムの国際規格)では，情報セキュリティの重要な特性として，機密性，完全性，可用性の３つの特性を挙げているが，ENISA[5],[6]は，機密性，完全性，障害耐性(resilience)の３つの特性を挙げ，プロバイダーが提供するサービスを評価し選択することを推奨している．また，プロバイダーも，この３つのセキュリティ特性を強化することが，市場での競争優位性の源泉となる．

①　機密性(confidentiality)[4]

認可されない個人，エンティティまたはプロセスに対して，情報を使用させず，また，開示しない特性．

② **完全性(integrity)**[4]

正確さおよび完全さの特性.

③ **障害耐性(resilience)**[5],[6]

攻撃や障害の可能性に対して，あるいは攻撃を受け障害が発生しているときに，セキュリティ防御策が講じられ，リソースの管理および最適化を適正に調節することのできる能力.

ENISA[5],[6]は，想定されるリスクの性格ごとに，ポリシーおよび組織的リスク，技術的リスク，法律的リスク，クラウドに特化しないリスクに分類した．**図 2.8** に示すように，リスクの重要度に応じて色の濃淡で，3段階に区別

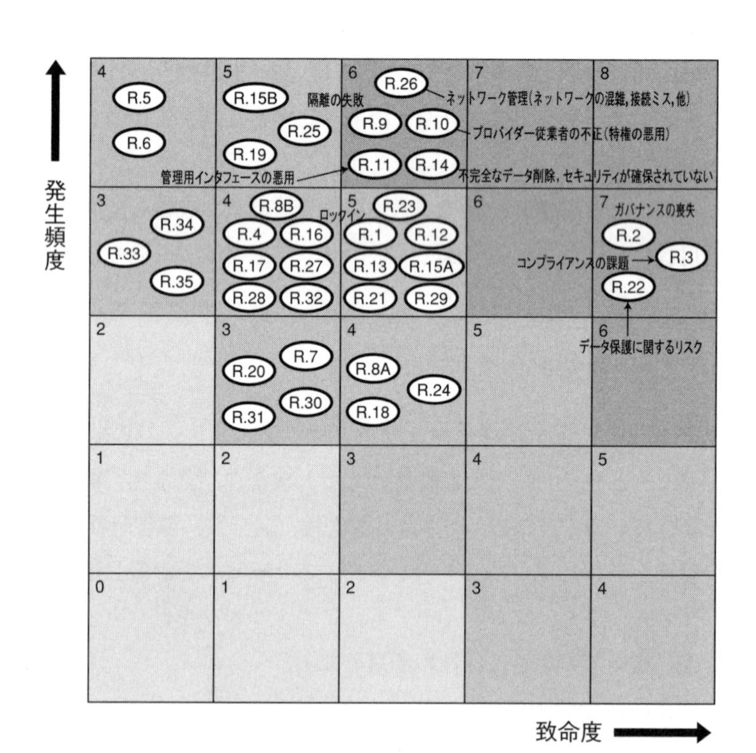

出典）ENISA の“Cloud Computing: Benefits, risk and recommendations for security”(2012)に筆者が主要リスク名を加筆.

図 2.8　リスクの種類

している．

それぞれの分類の詳細は以下に示し，特に重要なリスクに＊を付した．

① **ポリシーおよび組織的リスク**

R1：ロックイン
＊ R2：ガバナンスの喪失
＊ R3：コンプライアンスの課題
R4：他の共同利用者の行為による信頼の喪失
R5：クラウドサービスの終了または障害
R6：クラウドプロバイダーの買収
R7：サプライチェーンにおける障害

② **技術的リスク**

R8：リソースの枯渇
＊ R9：隔離の失敗
＊ R10：クラウドプロバイダー従事者の不正─特権の悪用
＊ R11：管理用インタフェースの悪用（操作，インフラストラクチャアクセス）
R12：データ転送途上における攻撃
R13：データ漏えい（アップロード時，ダウンロード時，クラウド間転送）
＊ R14：セキュリティが確保されない，または不完全なデータ削除
R15：DDoS 攻撃（分散サービス運用妨害攻撃）
R16：EDoS 攻撃（経済的な損失を狙ったサービス運用妨害攻撃）
R17：暗号鍵の喪失
R18：不正な探査またはスキャンの実施
R19：サービスエンジンの停止
R20：利用者の強化手順と，クラウド環境との間に生じる矛盾

③ **法律的リスク**

R21：証拠提出命令と電子的証拠開示

＊ R22：司法権の違いから来るリスク
R23：データ保護に関するリスク
R24：ライセンスに関するリスク

④　**クラウドに特化しないリスク**

R25：ネットワークの途絶
＊ R26：ネットワークの管理（ネットワークの混雑，接続ミス，最適でない使用）
R27：ネットワークトラフィックの改変
R28：特権（勝手な）拡大
R29：ソーシャルエンジニアリング攻撃（なりすまし）
R30：運用ログの喪失または改ざん
R31：セキュリティログの喪失または改ざん（フォレンジック検査の操作）
R32：バックアップの喪失，盗難
R33：構内への無権限アクセス（装置その他の設備への物理的アクセスを含む）
R34：コンピュータ設備の盗難
R35：自然災害

2.2　マイナンバー

個人情報の保護に関する法律（個人情報保護法）が2003（平成15）年５月に公布されて10年強を超える．この間に情報通信技術は飛躍的に発展した．携帯電話，スマートフォン，GPS，Facebook，Googleなど，多種多様なデータの収集や分析が可能となり，個人情報保護法が改正され，「個人情報の保護に関する法律及び行政手続における特定の個人を識別するための番号の利用等に関する法律の一部を改正する法律」が2015（平成27）年９月９日に公布された．2016（平成28）年１月１日には，改正された個人情報保護法の第１条と第４条が施行され，平成29年度に全面施行の予定である．一方，2014年３月には

EUの欧州議会本会議で，個人データ保護規則案が可決された．欧州閣僚理事会は，2015年6月15日に内相・法相会議において，欧州データ保護規則案を承認した．

個人情報保護法では，個人情報は，「個人を特定する情報」として定義されたが，この10年間の情報通信技術の発展に合わない部分が顕著になった．欧米のプライバシーデータの概念は，日本語でいう「個人情報」のみでなく，プライバシーに関する情報，データを収集すると個人を特定できる情報(GPSデータ，Suicaの乗降データなど)を含んでいる．ビッグデータの定義はないが，結果として収集された膨大かつ多種多様なデータの集合をビッグデータと称し，このビッグデータの利活用によって，新産業や新サービスの創出に結び付くと期待されている．

例えば，携帯電話，スマートフォンを例にとると，ビジネスとして，キャリアと呼ばれる通信事業者としてのビジネス，スマートフォンにインストールするソフトビジネス，コンテンツビジネスが存在する．個人情報とかかわるソフトの利用に伴う課金情報と利用者情報は，国境を越えて展開されて市場調査や製品開発に利用されている．そのため，個人情報保護の重要性は，ますます増大している．

米国のFacebook社の利用規約では，「利用者が投稿したデータを同社が定めた様々な用途に利用できる」とあり，収集したデータを独自のビジネスに展開することができる．

個人情報保護法の改正の狙いは，ビッグデータ等の利活用によって大きなビジネスの起爆剤であり，一方では，「個人の権利利益の侵害を未然に防止する」ことにある．

大きな改正点は，「第三者提供等を本人の同意がなくても行うことを可能とする枠組みを導入する」ことで，具体的には，「個人の特定性を低減したデータ」であれば，本人の同意がなくとも提供可能となる．

法律家の最初の議論では，匿名性(anonymity：追跡不可能性)が満たされると本人の同意がなくとも第三者提供してよいと考えていたが，匿名性は未実現の情報技術といわれ，改正案の表現は非常に緩やかな表現となっている．

もう一つの大きなイベントは，2013(平成 25)年 5 月 24 日の行政手続における特定の個人を識別するための番号の利用等に関する法律(以下，番号法)の成立である．国税庁の所得把握率は“クロヨン”と呼ばれ，給与所得者の 9 割が把握できるのに対し，事業所得者は6割，農業所得者は4割にとどまっている．この所得把握率の不均衡をなくすために，支払調書に事業所得者の個人番号を記載し，取りはぐれをなくそうというものである．支払調書に個人番号を記載する必要から，どこまで取引の相手が協力するかを疑問視する向きがあるが，成功すれば税収入アップとなる．

2015 年 10 月から，12 桁のマイナンバー制度が施行され，個人番号が記載された紙の通知カードが市町村から郵送された．12 桁の内 11 桁は地方自治体で，目に見えない形で振られ，既に適用されており，まず各家庭単位で番号が振られる．本人が通知された個人番号を各職場の事業者に報告し，報告された個人番号を，納税申告のために用いられる．2016 年以降は，住民の申請により，通知カードと引き換えに顔写真付きの個人番号カードの交付が可能である．

いずれにしても，ただでさえ日本からはデータが出ていくが，国外からはデータが来ないなど，不平等な状況下に置かれている．日本政府は，ビッグデータ等の利活用によって大きなビジネスを日本に呼び込むために，EU に歩調を合わせ，日本に膨大なデータが集まる仕組みを早急に構築する必要があり，パーソナルデータに関する法改正および関係法案の提出を急いでいる．

2.2.1　マイナンバーとは

政府が税の徴収に 1980 年代グリーンカード制度を導入しようとして，国民に番号制度が導入され法制化されたが，反対運動によって制度そのものが廃止された．2005(平成 17)年に住民基本台帳ネットワーク(以下，住基ネット)は反対運動に遭いながらも，民間利用は一切禁止，税目的で使用しないなどの足かせをはめられ，住民票の発行などの住民サービスのために，地方自治体に導入された．しかし，住基ネットのカードの交付率は約 5% に留まった．

住基ネットは地方自治体が主体で，自治体が管理する番号で，地方自治体のなかには，グリーンカード制度の失敗から，導入しない地方自治体が出た．

2007年に消えた年金問題が浮上し，民主党政権が誕生の切っ掛けをつくった．年金番号は勤務した事業所ごとにつくられ，職場が変わると年金番号の突合せが必要となり，過去に支払った年金が消える原因となった．特に，女性の場合は，結婚すると姓が変わることから，消えた年金番号を容易に追跡できなくなった．国民に番号を付与さえしていれば，消えた年金問題は発生しないと，2012年2月に番号関連3法案が提出された．

2013年3月，政権は再び自民党政権下となり，2013(平成25)年5月24日に法案が可決・成立した．2015年10月に施行となり，施行と同時に付番・通知がなされ，2016年に番号利用が開始される．

(1) 社会保障・税番号制度の仕組み

マイナンバー制度の機能は，①付番，②情報連携，③本人確認の3つから構成される(**図2.9**)．

(2) 付　　番

◎個人に

① 悉皆(しっかい)性(住民票を有する全員に付番)

② 唯一無二性(1人1番号で重複の無いように付番)

③ 「民－民－官」の関係で流通させて利用可能な視認性(見える番号)

④ 最新の基本4情報(氏名，住所，性別，生年月日)と関連付けられている新たな「個人番号」を付番する仕組み．

◎法人等に上記①～③の特徴を有する「法人番号」を付番する仕組み．

出典) 内閣官房 社会保障改革担当室，内閣府 大臣官房 番号制度担当室：「マイナンバー社会保障・税番号制度概要資料」，平成26年10月版，2014．

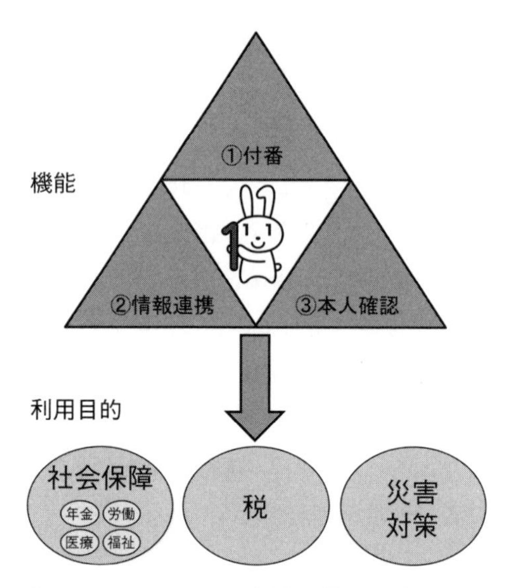

図 2.9　マイナンバー制度の機能と利用目的

付番については，2015年10月の施行前に付番されていて，住民基本台帳で付番された住民票コードを変換した番号(11桁)に，検査用数字(1桁)を付け加えて，12桁の数字で構成される．住基ネットを導入していない一部の自治体では，急遽，11桁の付番を行う必要がある．

マイナンバー(個人番号)の検査用数字(チェックデジット)の計算方式は総務省令の第5条に定められており，次のとおりである[11]．

【算式】

$$11-\left(\sum_{i=1}^{11} P_n \times Q_n \text{ を 11 で除した余り}\right)$$

ただし，$\left(\sum_{i=1}^{11} P_n \times Q_n \text{ を 11 で除した余り}\right) \leqq 1$ の場合は0とする．

【算式の符号】

P_n　個人番号を構成する検査用数字以外の11桁の番号の最下位の桁を1桁目としたときの n 桁目の数字

Q_n　$1 \leqq n \leqq 6$のとき　$n+1$　　$7 \leqq n \leqq 11$のとき　$n-5$

また，住民票コードの場合は，理由がなくとも変更可能であったが，個人番号は，漏えいするなどして不正に用いられる場合を除き，変更することができない．いうまでもなく，住基ネットの住民票コードは地方自治体が付番したが，個人番号は国が付番することになり，税務当局に提出する確定申告や給与所得者の扶養控除等(異動)申告書に用いられるなど，行政事務の仕組みのなかで使用され，通知された個人番号を申告書に記載する必要がある．

(3)　本 人 確 認

◎個人が自分であることを証明するための仕組み．

◎個人が自分の個人番号の真正性を証明するための仕組み．

- IC カードの券面と IC チップに個人番号と基本 4 情報及び顔写真を記載した個人番号カードを交付．
- 正確な付番や情報連携，また，成りすまし犯罪等を防止する観点から不可欠な仕組み．

出典）　内閣官房 社会保障改革担当室，内閣府 大臣官房 番号制度担当室：「マイナンバー社会保障・税番号制度概要資料」，平成 26 年 10 月版，2014.

図 2.10 は，個人番号カードの表面と裏面を示す．運転免許証には IC チップが埋め込まれていて，2 つの暗証番号を入力すると本籍地がわかる仕組みとなっている．同様に，個人番号カードでは，「4 桁の数字」，「6 桁以上の英数字の組合せ」の 2 種類の暗証番号を登録できるようになっている．いずれは種々のカードをワンカードに収めることを目標として，クレジットカードなど民間にも活用できる．

IC カードには，付番された個人番号，基本 4 情報(氏名，生年月日，性別，住所)，有効期限が格納されている．顔写真については，データ化されると「奇跡の一枚」として使用することが可能となる．奇跡の一枚とは，写真一枚

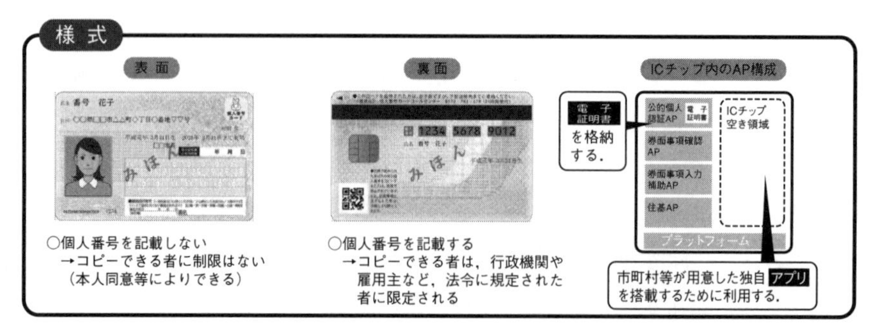

- 身分証明書として利用可能
- ICチップ搭載
- 各種電子申請が可能

図 2.10　個人番号カード

を撮っておくと，どのような角度の顔写真でも，本人として識別することをいい，現在はNECの顔認証技術がよく知られている(**4.3 節**を参照)．2020年には，日本でオリンピックが開催されるが，オリンピックの開催会場への入退場に利用することが検討されている．有効期限は，20歳以上の成人については10年間，20歳未満は5年を想定している．

e-Taxなどの電子申請書が行える電子証明が搭載され，コンビニなどに設置されたマルチコピー機をとおして，住民票の写し，印鑑登録証明書の交付のサービスが利用可能となる．現在，利用は官公庁に限られるが，民間利用が可能となると，演劇やコンサートのチケット，JTB，航空券(JAL，ANA)で扱う発券などで，本人確認のために利用することが可能となる．

総務省・地方公共団体情報システム機構の「マイナンバー(個人番号)のお知らせ個人番号カード交付申請のご案内」によれば，個人番号カードのメリットは次のとおりである(**図 2.11**)[16]．

- 個人番号を証明する書類として

　個人番号の提示が必要なさまざまな場面で，個人番号を証明する書類として利用できる．

- 各種行政手続のオンライン申請

　2017(平成 29)年 1 月に開設されるマイナポータルへのログインをはじめ，各種の行政手続のオンライン申請などに利用できる．

- 本人確認の際の公的な身分証明書として

　個人番号の提示と本人確認が同時に必要な場面では，これ一枚で済む唯一のカードである．

　金融機関における口座開設・パスポートの新規発給など，さまざまな場面で利用できる．

マイナンバーを証明する書類として

マイナンバーの提示が必要な様々な場面で，マイナンバーを証明する書類として利用できます．

を利用

各種行政手続のオンライン申請等に

平成 29 年 1 月に開設されるマイナポータルへのログインをはじめ，各種の行政手続のオンライン申請等に利用できます．

電子証明書 を利用

本人確認の際の身分証明書として

マイナンバーの提示と本人確認が同時に必要な場面では，これ 1 枚で済む唯一のカードです．

金融機関における口座開設・パスポートの新規発給など，様々な場面で利用できます．

を利用

各種民間のオンライン取引等に

オンラインバンキングをはじめ，各種の民間のオンライン取引等に利用できるようになる見込みです．

電子証明書 を利用

様々なサービスがこれ一枚で※

市区町村や国等が提供する様々なサービス毎に必要だった複数のカードが個人番号カードと一体化できます．

健康保険証としての利用も可能とする予定です．

を利用

コンビニなどで各種証明書の取得に※

コンビニなどで住民票，印鑑登録証明書などの公的な証明書を取得できます．

電子証明書 または アプリ を利用

※お住まいの市区町村によりサービスの内容が異なります．

出典）　総務省・地方公共団体情報システム機構：「マイナンバー(個人番号)のお知らせ個人番号カード交付申請のご案内」，平成 27 年 10 月，2015.

図 2.11　個人番号カードのメリット

- 各種民間のオンライン取引／口座開設

　インターネットバンキングを始め，各種の民間のオンライン取引などに利用できるようになる見込みである．

- 付加サービスを搭載した多目的カード

　市区町村や国などが提供するさまざまなサービスごとに必要だった複数のカードが個人番号カードと一体化できる．

　健康保険証としての利用も可能とする予定である．

- コンビニなどで各種証明書を取得

　コンビニなどで住民票，印鑑登録証明書などの公的な証明書を取得できる．

(4)　情報連携

◎複数の機関間において，それぞれの機関ごとに個人番号やそれ以外の番号を付して管理している同一人の情報を紐付し，相互に活用する仕組み．

- 連携される個人情報の種類やその利用事務を番号法で明確化
- 情報連携に当たっては，情報提供ネットワークシステムを利用することを義務付け（※ただし，官公庁が源泉徴収義務者として所轄の税務署に源泉徴収票を提出する場合などは除く）

出典）　内閣官房 社会保障改革担当室，内閣府 大臣官房 番号制度担当室：「マイナンバー社会保障・税番号制度概要資料」，平成 26 年 10 月版，2014.

　当初は，マイナンバーは社会保障，税，災害対策分野での利用が法制化され，これらに関係した行政手続きの範囲に，利用が限定されていたが，金融機関での利用もできるように，番号法が 2015 年 9 月 5 日に改正された．

　図 2.12 に示すように，日本年金機構，国税庁，1,800 の都道府県・市町村との情報連携が計画され，2017（平成 29）年 7 月，情報提供ネットワークシステムの運用開始の予定である．

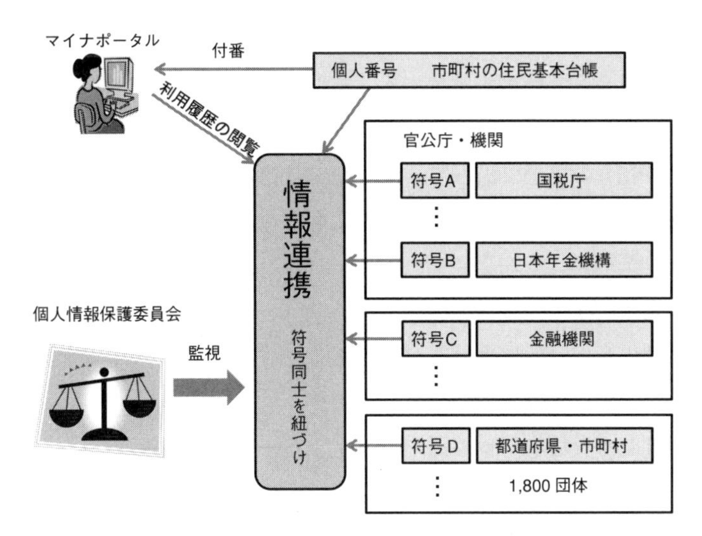

図 2.12　マイナンバー制度における情報連携

日本年金機構，国税庁，地方自治体とは，既に付番された固有の番号システムを保有し，符号同士を紐づける仕組みで，情報連携される．

情報連携と同時に，いつ，どこの情報保有機関が，どの機関へ提供したかの記録がとられ，記録が保管される．国民は，マイナポータルをとおして，アクセス記録を参照でき，不正使用や意図しない利用があると，個人情報保護委員会に申し出ることができ，個人番号の収集・利用の監視機関としての役割を担う．

マイナンバー制度のシステム上の保護措置は，「個人情報は分散して管理」，「個人情報にアクセスできる人の制限・管理」，「通信の際は情報が暗号化されます」などの措置が講じられる．

「個人情報は分散して管理」は個人情報を一元管理するのではなく，符号と連携する機関の情報のみを連携し，知る必要がない情報との連携を避け，プライバシー保護に努めている．

官公庁，地方自治体を含め特定個人情報を扱う業務やシステムを構築する場合は，特定個人情報保護評価の評価作業を実施し，評価結果を公表し国民や住民に意見を求める．官公庁，地方自治体は個人情報保護委員会に報告し，個人情報保護委員会が評価書を承認する．また，個人情報保護委員会は，特定個人情報保護評価に関するガイドラインを作成・公表する．プライバシー・バイ・デザイン(PbD)の概念に沿って，業務やシステムの構築にあたっては，設計段階から個人情報保護に配慮する考え方にもとづいている．

(5) 利用目的[41]

個人番号の利用目的は次のとおりである．

- **社会保障**：年金，労働，医療，福祉
  - —年金の資格取得や確認，給付
  - —雇用保険の資格取得や確認，給付
  - —ハローワークの事務
  - —医療保険の保険料徴収
  - —福祉分野の給付，生活保護
- **税**
  - —税務当局に届出する確定報告書，届出書，調書などに記載
  - —税務当局の内部事務
- **災害対策**
  - —被災害生活再建支援金の支給
  - —被災者台帳の作成事務

このほか，社会保障，地方税，災害対策に関する事務やこれらに対する事務において，地方公共団体が条例で定める事務に個人番号を利用することができる．

2.2.2 個人番号の取扱いの流れ

通常の個人情報の取扱いの流れは，取得→入力→利用→保管→廃棄となる．それぞれの段階を局面と称し，局面ごとにリスクが存在している．

番号法では，「収集」を「集める意思をもって自己の占有に置くこと」の意

味合いで使用し，「取得」と区別し，収集，保管と利用が制限される．「取得」は，本人が同意すると，個人情報を自己の管理下に置き（保有），本人が同意した範囲内で，取得した事業者の意図で個人情報を利用できる．

番号法および個人情報保護法で定義される「個人情報」とは，法律の規制によって，その性格が異なる．番号法は，本人の同意があっても，個人番号の収集や利用が制限される．利用については，税，社会保障，災害対策の分野のなかで，法律に定められた行政手続きのみに利用でき，法律に定められた以外で利用すると，3年以下の懲役または150万円以下の罰金となる．

> （収集の制限）
> 第20条　何人も，前条各号のいずれかに該当する場合を除き，特定個人情報（他人の個人番号を含むものに限る．）を収集し，又は保管してはならない．
>
> （番号法より）

「社会保障，税，災害対策の手続きに必要な場合など，番号法第19条で定められている場合を除き，他人（自己と同一の世帯に属さない者）の個人番号の提供を求めたり，他人（同左）の個人番号を含む特定個人情報（[Q5－4] 参照）を収集し，保管したりすることは，本人の同意があっても，禁止されています．（2014年7月回答）」[18]（下線部分は筆者が修正）

個人情報保護法では，目的を明確にし，本人の同意があれば，本人から個人情報が取得できたが，個人番号の取得の目的は「法律に定められた行政手続きのみ」の利用目的に限定される．しかしながら，個人番号の収集の目的は，個人情報保護法も適用され，ホームページなどで公表することが求められる．目的が明確になり本人が同意すると個人情報を取得できる個人情報保護法上の「取得」と，法律に定められた行政手続きのみに限定している番号法上の「収集」を，明確に区別している．

それ以外にも，個人情報は，生存している人の個人情報であったが，番号法では死んだ人の個人情報が含まれる．

また，「共同利用」についても，番号法では「提供」とみなされるため，原則，認められない．グループ企業などで，他社の従業員の個人番号が利用できないので，特別な場合を除いて，システム構築の際に，他社の従業員の個人番号を参照しない仕組みを構築する必要がある．同様に，「廃棄」についても，税制法令の一定期間（源泉徴収票および支払調書は7年間）の保管後，速やかに廃棄または削除（個人番号のマスキングも可となる）することが定められている．

したがって，個人番号の取扱いの流れは，収集→保管→利用→廃棄となる（**図2.13**）．

国民への付番にあたっては，利用可能な視認性を堅持しながら「民→民→官」の関係で流通させる．これ以外の流通については違法となる．

国民は市町村から，それぞれの個人番号が通知され，所属する企業や法人に，個人番号を報告し，組織は個々人の個人番号を収集する．収集した個人番号を源泉徴収票や支払調書に記入し，税務署に申告する．したがって，その個人番号の取扱いの流れは「民→民→官」となる．

番号法は，収集および利用について制限を加えていることから，「民→民→

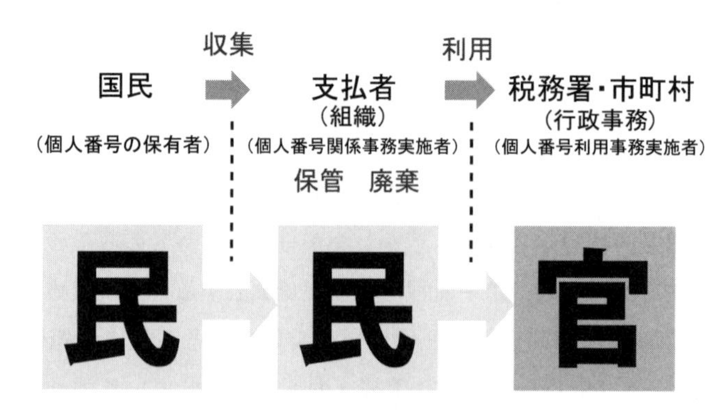

図2.13　個人番号の取扱いの流れ

官」以外の取扱いの流れは違法となる．

例えば，サラ金業者や銀行から，お金を借り入れるために，サラ金業者や銀行から個人番号を記入した源泉徴収票の提出を求められたとすると，違法となる．その流れは，本人(民)→組織(民)→サラ金業者や銀行(民)となって，「民→民→官」の流れを満たさない．もちろん，お金を貸し出すために個人番号を利用することになり，違法である．

同様に，収集時点で，本人以外の子供から収集したとすると，これも本人(民)→子供(民)→組織(民)となり，「民→民→官」の流れを満たさないことから，違法となる．なお，組織の業務を代行し，税理士に源泉徴収票や支払調書，給与所得者の扶養控除等(異動)申告書の作成を依頼することは，**図 2.13**で，税理士は組織の中に含めて考える．つまり，本人(民)→組織(税理士)(民)→税務署(官)となり，「民→民→官」の関係となる．

なお，本人確認のために，個人番号カードの使用は認められており，例えば，レンタルビデオショップで，個人番号カードの提示を求められ，店員が個人番号カードで確認し，個人番号カードの表面をコピーすることは，表面には個人番号の記載がないので，収集にあたらない．ただし，裏面は，個人番号が記載されているので，見るだけでは収集とならないが，コピーをすると違法行為となる．

2.2.3 マイナンバー制度での安全管理措置

個人情報保護法上で要求された安全管理措置は，個人情報保護法の第 20 条(安全管理措置)で，第 21 条(従業員の監督)では，第 20 条で要求する「安全管理措置」を従業者に課し，同様に第 22 条(委託先の監督)でも外部に個人データの処理を外部に委託する場合には，安全管理措置を講じることを義務づけている．特定個人情報保護委員会(同委員会は 2016 年 1 月 1 日に「個人情報保護委員会」に改組された)から公表された「特定個人情報の適正な取り扱いに関するガイドライン(事業者編)」(以下，ガイドライン)でも，個人番号は個人情報の一部と考え，個人情報保護の安全管理措置と同様に，個人情報保護法上の安全管理措置が踏襲され，組織的安全管理措置，人的安全管理措置，物理的安全管理措置，技術的安全管理措置を，事業者，従業者，委託先に講じることが義務づけられる．

ガイドラインでは，再委託の部分が強化され，「最初の委託者の許可を得る」旨が追加され，「必要かつ適切な監督」の内容に触れ，最初の委託元の責任を要求している[19]．

第4−2−(2)安全管理措置

●**安全管理措置**(番号法第12条，第33条，第34条，個人情報保護法第20条，第21条)

個人番号関係事務実施者又は個人番号利用事務実施者である事業者は，個人番号及び特定個人情報(以下「特定個人情報等」という．)の漏えい，滅失又は毀損の防止等，特定個人情報等の管理のために，必要かつ適切な安全管理措置を講じなければならない．また，従業者(注)に特定個人情報等を取り扱わせるに当たっては，特定個人情報等の安全管理措置が適切に講じられるよう，当該従業者に対する必要かつ適切な監督を行わなければならない．

(注)「従業者」とは，事業者の組織内にあって直接間接に事業者の指揮監督を受けて事業者の業務に従事している者をいう．具体的には，従業員のほか，取締役，監査役，理事，監事，派遣社員等を含む．

※安全管理措置の具体的な内容については，「(別添)特定個人情報に関する安全管理措置(事業者編)」を参照のこと．

出典）特定個人情報保護委員会：「特定個人情報の適正な取り扱いに関するガイドライン(事業者編)」，平成26年12月11日，2014，p. 22.

第４－２－(1)委託の取扱い

要点

○　個人番号関係事務又は個人番号利用事務の全部又は一部の委託をする者は，委託先において，番号法に基づき委託者自らが果たすべき安全管理措置と同等の措置が講じられるよう必要かつ適切な監督を行わなければならない．→1 A，2 C

「必要かつ適切な監督」には，①委託先の適切な選定，②安全管理措置に関する委託契約の締結，③委託先における特定個人情報の取扱状況の把握が含まれる．→1 B

※安全管理措置の具体的な内容については，「第4－2－(2)安全管理措置」及び「(別添)特定個人情報に関する安全管理措置(事業者編)」を参照のこと．

○　個人番号関係事務又は個人番号利用事務の全部又は一部の「委託を受けた者」は，委託者の許諾を得た場合に限り，再委託を行うことができる．→2 A

再委託を受けた者は，個人番号関係事務又は個人番号利用事務の「委託を受けた者」とみなされ，最初の委託者の許諾を得た場合に限り，更に再委託することができる．→2 B

(関係条文)

- 番号法　第10条，第11条
- 個人情報保護法　第22条

出典)　特定個人情報保護委員会：「特定個人情報の適正な取り扱いに関するガイドライン(事業者編)」，平成26年12月11日，2014，p. 19.

(1)　組織的安全管理措置

ここでの要求は個人番号を保護するための仕組みをつくり，個人番号を保護することをいい，その構成は，個人番号保護のための組織内のルール化(規程類，手順書，記録類）と，組織化を図ることである．組織化には，個人番号を保護する「責任者」と，個人番号を取扱う「事務取扱担当者」の明確化と役割の明確化を要求している．

ログの取得を要求していることから，コンピュータシステムと密接に関係している．ログは監視のためのログと監査証跡のログの両方の取得があるが，事件・事故が発生した後のログであれば，事後的ログとなる．いずれにしても，SKYSEAやLanScope Catなどの監視用ツールは，コンピュータシステム上のアクセスログ，イベントログ，ログインログ，コマンドログが取得されており，本要求のログの取得は容易である．

この要求上で，注意すべきことは，「書類・媒体等の持出しの記録」である．物理的安全管理措置では，「情報システムを管理する区域：管理区域」，「情報等を取り扱う事務を実施する区域：取扱区域」の定義があり，これらの区域から個人番号を記録したものを移動することを，「持出し」と定義している．したがって，ここでの要求は，「持出し」の記録の作成を求めている．同様に，コンピュータシステム上の特定個人情報ファイルの利用・出力状況の記録の取得を求めている．中小企業に対してはログの取得までの要求はなく，「取扱状況の分かる記録を保存する」とされている．

次に，留意すべき点は，「個人番号の削除・廃棄記録」である．当然，企業が収集した個人番号が削除・廃棄されれば，リスクがゼロとなるが，一般的には，顧客情報を企業の資産として個人情報を取り扱っている企業では，積極的に削除や廃棄を実施している企業は少ない．

法規制上の要求から，保管期限を迎えた個人番号は消去しなければならない．そのため，個人情報をデータベース化している企業では，保管期限を過ぎると，個人番号のみを抜出し，削除・廃棄する必要がある．いずれにしても，記録の取得の要求があるので，保管期限を過ぎた個人番号は法律上の要求事項に従って，確実に削除・廃棄される．

また，個人番号が，事件・事故によって漏えいした場合には，企業に定められた緊急時対応の手順に従って処理され，その対応は，緊急時対応→事件・事故の緩和処置→現物処置→応急処置→是正処置となる．ここでは，調査(事件・事故の特定)→本人への連絡→公表→個人情報保護委員会→是正処置の順番となる．この要求は，JIS Q 15001：2006とほぼ同じである．

以下はガイドラインの別添「特定個人情報に関する安全管理措置(事業者編)」からの引用である．

C　組織的安全管理措置

事業者は，特定個人情報等の適正な取扱いのために，次に掲げる組織的安全管理措置を講じなければならない．

a　組織体制の整備

安全管理措置を講ずるための組織体制を整備する．

≪手法の例示≫

＊組織体制として整備する項目は，次に掲げるものが挙げられる．

- 事務における責任者の設置及び責任の明確化
- 事務取扱担当者の明確化及びその役割の明確化
- 事務取扱担当者が取り扱う特定個人情報等の範囲の明確化
- 事務取扱担当者が取扱規程等に違反している事実又は兆候を把握した場合の責任者への報告連絡体制
- 情報漏えい等事案の発生又は兆候を把握した場合の従業者から責任者等への報告連絡体制
- 特定個人情報等を複数の部署で取り扱う場合の各部署の任務分担及び責任の明確化

【中小規模事業者における対応方法】

○　事務取扱担当者が複数いる場合，責任者と事務取扱担当者を区分することが望ましい．

b　取扱規程等に基づく運用

取扱規程等に基づく運用状況を確認するため，システムログ又は利用実績を記録する．

≪手法の例示≫

＊記録する項目としては，次に掲げるものが挙げられる．

- 特定個人情報ファイルの利用・出力状況の記録
- 書類・媒体等の持出しの記録
- 特定個人情報ファイルの削除・廃棄記録
- 削除・廃棄を委託した場合，これを証明する記録等
- 特定個人情報ファイルを情報システムで取り扱う場合，事務取扱担当者の情報システムの利用状況(ログイン実績，アクセスログ等)の記録

【中小規模事業者における対応方法】

○　特定個人情報等の取扱状況の分かる記録を保存する．

c　取扱状況を確認する手段の整備

特定個人情報ファイルの取扱状況を確認するための手段を整備する．

なお，取扱状況を確認するための記録等には，特定個人情報等は記載しない．

≪手法の例示≫

＊取扱状況を確認するための記録等としては，次に掲げるものが挙げられる．

- 特定個人情報ファイルの種類，名称
- 責任者，取扱部署
- 利用目的
- 削除・廃棄状況
- アクセス権を有する者

【中小規模事業者における対応方法】

○　特定個人情報等の取扱状況の分かる記録を保存する．

d　情報漏えい等事案に対応する体制の整備

情報漏えい等の事案の発生又は兆候を把握した場合に，適切かつ迅速に対応するための体制を整備する．

情報漏えい等の事案が発生した場合，二次被害の防止，類似事案の発生防止等の観点から，事案に応じて，事実関係及び再発防止策等を早急に公表することが重要である．

≪手法の例示≫

＊情報漏えい等の事案の発生時に，次のような対応を行うことを念頭に，体制を整備することが考えられる．

- 事実関係の調査及び原因の究明
- 影響を受ける可能性のある本人への連絡
- 委員会及び主務大臣等への報告
- 再発防止策の検討及び決定
- 事実関係及び再発防止策等の公表

【中小規模事業者における対応方法】

○　情報漏えい等の事案の発生等に備え，従業者から責任ある立場の者に対する報告連絡体制等をあらかじめ確認しておく．

e　取扱状況の把握及び安全管理措置の見直し

特定個人情報等の取扱状況を把握し，安全管理措置の評価，見直し及び改善に取り組む．

≪手法の例示≫

＊特定個人情報等の取扱状況について，定期的に自ら行う点検又は他部署等による監査を実施する．

＊外部の主体による他の監査活動と合わせて，監査を実施することも考えられる．

【中小規模事業者における対応方法】

○　責任ある立場の者が，特定個人情報等の取扱状況について，定期的に点検を行う．

出典）　特定個人情報保護委員会：「特定個人情報の適正な取り扱いに関するガイドライン(事業者編)」，平成26年12月11日，2014，pp. 51-53.

(2)　人的安全管理措置

事業者は，経営者自らと考えるべきで，個人番号を取り扱う事務取扱担当者を監督することを要求している．一方で，「特定個人情報等の適正な取扱いを周知徹底する」ことを求めていることから，経営者の方針や考え方を理解して，定められた手順やルールに従って，個人番号の保護に努めるとなる．事務取扱担当者には教育を施し，個人番号の保護のために不足する力量を補い，個人番号の保護の意識の向上を図ることである．

以下は，ガイドラインの別添からの引用である．

D　人的安全管理措置

事業者は，特定個人情報等の適正な取扱いのために，次に掲げる人的安全管理措置を講じなければならない．

a　事務取扱担当者の監督

事業者は，特定個人情報等が取扱規程等に基づき適正に取り扱われるよう，事務取扱担当者に対して必要かつ適切な監督を行う．

b　事務取扱担当者の教育

事業者は，事務取扱担当者に，特定個人情報等の適正な取扱いを周知徹底するとともに適切な教育を行う．

≪手法の例示≫

＊特定個人情報等の取扱いに関する留意事項等について，従業者に定期的な研修等を行う．

＊特定個人情報等についての秘密保持に関する事項を就業規則等に盛り込むことが考えられる．

出典）　特定個人情報保護委員会：「特定個人情報の適正な取り扱いに関するガイドライン（事業者編）」，平成26年12月11日，2014，p. 54.

(3)　物理的安全管理措置

世間では，個人番号を記録したファイルを保管するために，金庫が売れているそうである．100人や200人ぐらいの個人番号の保護のファイルであれば，金庫に入るかも知れないが，従業員が1万人を超える企業では，巨大な金庫が必要になり，ガイドラインの要求事項が事実とすれば，過大な要求である．個人番号を記録したファイルや書類は，鍵付きのキャビネットに保管することを要求している．日銀が保有する大きな金庫を要求しているのではない．

また，ガイドラインは，何を「持出し」と考えるかについて，「管理区域」と「取扱区域」の概念を導入している．この要求事項の管理目的は，漏えいのリスクを低減し，盗み見（スニファー）を防止することである．セキュリティ区画であると，区画は物理的な障壁で隔離することが求められるが，執務室の一角を「管理区域」と「取扱区域」に定めるとしているので，やや緩やかな要求事項である．

ところで，2015年4月8日に発生したトランスコスモスの同社株主846人分の個人情報の漏えいについては，コールセンターの従業者が，メモに記入し，ロッカーに隠し持ち，外部に流出した．これが個人番号であると企業組織内であってもロッカーに隠し持ちした時点で，ガイドラインの要求事項を満たさないことになる．区域外への持出しは，記録の取得が求められ，厳格な管理を要求している．

以下はガイドラインの別添からの引用である．

E　物理的安全管理措置

事業者は，特定個人情報等の適正な取扱いのために，次に掲げる物理的安全管理措置を講じなければならない．

a　特定個人情報等を取り扱う区域の管理

特定個人情報等の情報漏えい等を防止するために，特定個人情報ファイルを取り扱う情報システムを管理する区域(以下「管理区域」という．)及び特定個人情報等を取り扱う事務を実施する区域(以下「取扱区域」という．)を明確にし，物理的な安全管理措置を講ずる．

≪手法の例示≫

＊管理区域に関する物理的安全管理措置としては，入退室管理及び管理区域へ持ち込む機器等の制限等が考えられる．

＊入退室管理方法としては，ICカード，ナンバーキー等による入退室管理システムの設置等が考えられる．

＊取扱区域に関する物理的安全管理措置としては，壁又は間仕切り等の設置及び座席配置の工夫等が考えられる．

b　機器及び電子媒体等の盗難等の防止

管理区域及び取扱区域における特定個人情報等を取り扱う機器，電子媒体及び書類等の盗難又は紛失等を防止するために，物理的な安全管理措置を講ずる．

≪手法の例示≫
＊特定個人情報等を取り扱う機器，電子媒体又は書類等を，施錠できるキャビネット・書庫等に保管する．
＊特定個人情報ファイルを取り扱う情報システムが機器のみで運用されている場合は，セキュリティワイヤー等により固定すること等が考えられる．

c　電子媒体等を持ち出す場合の漏えい等の防止

特定個人情報等が記録された電子媒体又は書類等を持ち出す場合，容易に個人番号が判明しない措置の実施，追跡可能な移送手段の利用等，安全な方策を講ずる．

「持出し」とは，特定個人情報等を，管理区域又は取扱区域の外へ移動させることをいい，事業所内での移動等であっても，紛失・盗難等に留意する必要がある．

≪手法の例示≫
＊特定個人情報等が記録された電子媒体を安全に持ち出す方法としては，持出しデータの暗号化，パスワードによる保護，施錠できる搬送容器の使用等が考えられる．ただし，行政機関等に法定調書等をデータで提出するに当たっては，行政機関等が指定する提出方法に従う．
＊特定個人情報等が記載された書類等を安全に持ち出す方法としては，封緘，目隠しシールの貼付を行うこと等が考えられる．

【中小規模事業者における対応方法】
○　特定個人情報等が記録された電子媒体又は書類等を持ち出す場合，パスワードの設定，封筒に封入し鞄に入れて搬送する等，紛失・盗難等を防ぐための安全な方策を講ずる．

d　個人番号の削除，機器及び電子媒体等の廃棄

個人番号関係事務又は個人番号利用事務を行う必要がなくなった場合で，所管法令等において定められている保存期間等を経過した場合には，個人番号をできるだけ速やかに復元できない手段で削除又は廃棄する．→ガイドライン第４−３−(3)Ｂ「保管制限と廃棄」参照

個人番号若しくは特定個人情報ファイルを削除した場合，又は電子媒体等を廃棄した場合には，削除又は廃棄した記録を保存する．また，これらの作業を委託する場合には，委託先が確実に削除又は廃棄したことについて，証明書等により確認する．

≪手法の例示≫

＊特定個人情報等が記載された書類等を廃棄する場合，焼却又は溶解等の復元不可能な手段を採用する．

＊特定個人情報等が記録された機器及び電子媒体等を廃棄する場合，専用のデータ削除ソフトウェアの利用又は物理的な破壊等により，復元不可能な手段を採用する．

＊特定個人情報ファイル中の個人番号又は一部の特定個人情報等を削除する場合，容易に復元できない手段を採用する．

＊特定個人情報等を取り扱う情報システムにおいては，保存期間経過後における個人番号の削除を前提とした情報システムを構築する．

＊個人番号が記載された書類等については，保存期間経過後における廃棄を前提とした手続を定める．

【中小規模事業者における対応方法】

○　特定個人情報等を削除・廃棄したことを，責任ある立場の者が確認する．

出典）特定個人情報保護委員会：「特定個人情報の適正な取り扱いに関するガイドライン（事業者編）」，平成 26 年 12 月 11 日，2014，pp. 54-56.

(4)　技術的安全管理措置

ところで，2014年，2015年に発生した個人情報に関係する主な事件・事故には次のものがある．

①　Open SSLのHeartbeat拡張に脆弱性(2014年4月)

②　InternetExplorerでの任意のコードが実行される脆弱性(2014年4月)

③　ベネッセの個人情報漏えい事件(2014年7月)

④　JALマイレージバンクの会員情報の漏えい(2014年9月)

⑤　iCloudから多数の画像が流出(2014年9月)

⑥　北朝鮮政府による大規模サイバー攻撃(2014年11月)

⑦　広島県警のファックス誤送信(2015年1月)

⑧　日本年金機構の年金情報の漏えい(2015年5月)

上記の事件・事故の原因は，OSやアプリケーションプログラムの脆弱性を突いたもの(①，②)，内部的な人間が絡んで意図的に個人情報が漏えいしたもの(③)，電子メールなどの方法を用いてマルウェアが送り込まれたもの(④，⑧)，SNSなどでIDおよびパスワードが漏えいし，乗っ取られるパターン(⑤)，サイバー攻撃(⑥)，人的ミス(⑦)となる．

これらの事件・事故に共通している部分は，高度に管理されている個人情報の攻撃は，初期攻撃として，IDとパスワードを盗み取ることから始まることである．コンピュータシステムにアクセスする人や管理者の不管理もあるが，IDとパスワードを盗み取るためには何らかの方法で，マルウェアを仕込むことである．ウイルスに感染する方法では，ウイルスそのものは不特定多数を対象とし，コンピュータシステムのユーザーや管理者はウイルス対策ソフトを導入するなど，各企業で意識が向上しているので，この面からの攻撃は容易ではない．とるべき対策としては，「マルウェアから保護するために，利用者に適切に認識させることに併せて，検出，予防および回復のための管理策を実施」することである．

例えば，「知らない人からの電子メールの添付ファイルは開かない」となる．⑧の日本年金機構の年金情報の漏えいでは，九州ブロックの年金の担当者に関係者と思わせるメールが送信され，添付ファイルを開くとマルウェアが実行され，125万人分の年金情報が流出した．同様に，④ JALマイレージバンクの会員情報の漏えいは，JALの担当者に送られてきた電子メールの添付ファイルの開封によってマルウェアに感染したことによる．⑤ iCloudからの多数の画像流出は，iCloudのアカウントが乗っ取られたことによる．これはIDやパスワードの不管理によるものである．

先の**図2.12**に示した情報提供ネットワークシステムは，インターネットを介して，日本年金機構のシステム，国税庁のシステムに接続している．ネットワークシステムの回線は暗号化され，盗み取られる可能性は低い．しかし，個人番号利用事務実施者のPCがインターネットに接続され，外部からのメールを容易に授受できるようであれば，外部からの攻撃を受けやすい．ネットワークをセグメンテーションし，個人番号利用事務実施者のPCを用途別や系統別に制限する必要がある．

規格やガイドラインの要求事項や指示事項は，包括的でよくできているが，組織内に展開する場合は，リスク分析を行い，具体的な対策に展開することが必要である．「担当者が考えろ」ではなく，具体的に何をすればよいか，ブレイクダウンすることである．例えば，「知らない人からの電子メールの添付ファイルは開かない」というように具体的にルール化していると，組織に規定された規程類や手順書を守りやすい．

以下はガイドラインの別添からの引用である．

F　技術的安全管理措置

事業者は，特定個人情報等の適正な取扱いのために，次に掲げる<u>技術的安全管理措置を講じなければならない．</u>

a　アクセス制御

情報システムを使用して個人番号関係事務又は個人番号利用事務を行う

場合，事務取扱担当者及び当該事務で取り扱う特定個人情報ファイルの範囲を限定するために，適切なアクセス制御を行う．

≪手法の例示≫

＊アクセス制御を行う方法としては，次に掲げるものが挙げられる．

- 個人番号と紐付けてアクセスできる情報の範囲をアクセス制御により限定する．
- 特定個人情報ファイルを取り扱う情報システムを，アクセス制御により限定する．
- ユーザー ID に付与するアクセス権により，特定個人情報ファイルを取り扱う情報システムを使用できる者を事務取扱担当者に限定する．

【中小規模事業者における対応方法】

○　特定個人情報等を取り扱う機器を特定し，その機器を取り扱う事務取扱担当者を限定することが望ましい．

○　機器に標準装備されているユーザー制御機能（ユーザーアカウント制御）により，情報システムを取り扱う事務取扱担当者を限定することが望ましい．

b　アクセス者の識別と認証

特定個人情報等を取り扱う情報システムは，事務取扱担当者が正当なアクセス権を有する者であることを，識別した結果に基づき認証する．

≪手法の例示≫

＊事務取扱担当者の識別方法としては，ユーザー ID，パスワード，磁気・IC カード等が考えられる．

【中小規模事業者における対応方法】

○　特定個人情報等を取り扱う機器を特定し，その機器を取り扱う事務取扱担当者を限定することが望ましい．

○　機器に標準装備されているユーザー制御機能（ユーザーアカウント制

御）により，情報システムを取り扱う事務取扱担当者を限定することが望ましい．

c　外部からの不正アクセス等の防止

情報システムを外部からの不正アクセス又は不正ソフトウェアから保護する仕組みを導入し，適切に運用する．

≪手法の例示≫

＊情報システムと外部ネットワークとの接続箇所に，ファイアウォール等を設置し，不正アクセスを遮断する．

＊情報システム及び機器にセキュリティ対策ソフトウェア等（ウイルス対策ソフトウェア等）を導入する．

＊導入したセキュリティ対策ソフトウェア等により，入出力データにおける不正ソフトウェアの有無を確認する．

＊機器やソフトウェア等に標準装備されている自動更新機能等の活用により，ソフトウェア等を最新状態とする．

＊ログ等の分析を定期的に行い，不正アクセス等を検知する．

d　情報漏えい等の防止

特定個人情報等をインターネット等により外部に送信する場合，通信経路における情報漏えい等を防止するための措置を講ずる．

≪手法の例示≫

＊通信経路における情報漏えい等の防止策としては，通信経路の暗号化等が考えられる．

＊情報システム内に保存されている特定個人情報等の情報漏えい等の防止策としては，データの暗号化又はパスワードによる保護等が考えられる．

出典）　特定個人情報保護委員会：「特定個人情報の適正な取り扱いに関するガイドライン（事業者編）」，平成26年12月11日，2014，pp. 56-57.

2.2.4　マイナンバーのリスク分析

大きな企業では，人事・経理の仕組みに付加する形で，個人番号の収集の仕組みがコンピュータ化されている．しかしながら，国税庁の発表によれば，給与所得の扶養控除等(異動)申請書は，2015(平成27)年9月下旬に様式が発表され，2016(平成28)年1月から源泉徴収票や支払調書などの法定調書の使用が開始される．**図2.14**は，2015年10月30日に国税庁のホームページに掲載されたもので，掲載時点のイメージを示す．

源泉徴収票については，税務署提出用と本人交付用があり，本人交付用には，個人番号または法人番号の記載はない．

国税庁への法定調書の提出は，紙媒体でも，e-Taxを用いた電子申請の両方の申請が可能である．2016(平成28)年分の申告からの使用開始を目指していることから，事業者は個人番号の収集から国税庁への法定調書の提出までのシステム対応に追われている．とりわけ多くの事業者が，国税庁への法定調書の提出を委託する税理士には，個人番号の取扱い業務の負荷が集中する(**図2.15**)．

図2.15は，個人番号の収集にあたり，紙媒体で収集した場合と電子媒体で収集した場合の違いについて，その取扱いの流れも示している．それぞれの取扱いの局面で，リスクを生じリスク低減のための対策が必要となる．

紙媒体での個人番号の収集は，収集→保管(キャビネット)→入力(電子化)→保管(HDD)→利用(国税庁への法定調書の提出)→削除・廃棄(紙媒体の廃棄，HDDからの消去)となる．一方，電子媒体での個人番号の収集は，収集→保管(HDD)→利用(e-Taxで国税庁への法定調書の提出)→削除(→削除・廃棄)となる．

これは大雑把な流れであるが，電子媒体での個人番号の授受のほうが取扱いの流れが単純で，キャビネットでの保管，紙媒体から個人番号の電子化，紙媒体の廃棄の局面が単純化され，国税庁への電子申請にコンピュータシステムを容易にリンクできる．個人情報の取扱いの流れが複雑になると，各局面でリスクが発生し，対策の数が増大する．

平成　　年分　**給与所得の源泉徴収票**

支払を受ける者　住所又は居所
(受給者番号)
(個人番号)
(役職名)
氏名　(フリガナ)

種別	支払金額	給与所得控除後の金額	所得控除の額の合計額	源泉徴収税額
	内　千　円	千　円	千　円	内　千　円

控除対象配偶者の有無等		老人	配偶者特別控除の額	控除対象扶養親族の数（配偶者を除く。）						16歳未満扶養親族の数	障害者の数（本人を除く。）			非居住者である親族の数
				特定		老人		その他			特別		その他	
有	従有		千　円	人	従人	内　人	従人	人	従人	人	内　人		人	人

社会保険料等の金額	生命保険料の控除額	地震保険料の控除額	住宅借入金等特別控除の額
内　千　円	千　円	千　円	千　円

平成28年分以後に使用予定の様式です

(摘要)

生命保険料の金額の内訳	新生命保険料の金額	円	旧生命保険料の金額	円	介護医療保険料の金額	円	新個人年金保険料の金額	円	旧個人年金保険料の金額	円

住宅借入金等特別控除の額の内訳	住宅借入金等特別控除適用数		居住開始年月日(1回目)	年　月　日	住宅借入金等特別控除区分(1回目)		住宅借入金等年末残高(1回目)	円
	住宅借入金等特別控除可能額	円	居住開始年月日(2回目)	年　月　日	住宅借入金等特別控除区分(2回目)		住宅借入金等年末残高(2回目)	円

控除対象配偶者　(フリガナ)　氏名　区分　個人番号
配偶者の合計所得　円
国民年金保険料等の金額　円
旧長期損害保険料の金額　円

控除対象扶養親族
1　(フリガナ)　氏名　区分　個人番号
2　(フリガナ)　氏名　区分　個人番号
3　(フリガナ)　氏名　区分　個人番号
4　(フリガナ)　氏名　区分　個人番号

16歳未満の扶養親族
1　(フリガナ)　氏名　区分
2　(フリガナ)　氏名　区分
3　(フリガナ)　氏名　区分
4　(フリガナ)　氏名　区分

(備考)

未成年者	外国人	死亡退職	災害者	乙欄	本人が障害者		寡婦		寡夫	勤労学生	中途就・退職					受給者生年月日						
					特別	その他	一般	特別			就職	退職	年	月	日	明	大	昭	平	年	月	日

(税務署提出用)
支払者
個人番号又は法人番号　(右詰で記載してください。)
住所(居所)又は所在地
氏名又は名称　(電話)

整理欄

375

出典）　http://www.nta.go.jp/mynumberinfo/jizenjyoho/hotei/pdf/hotei1_01.pdf

図 2.14　給与所得の源泉徴収票（税務署提出用）の様式案（2015 年 10 月 30 日掲載）

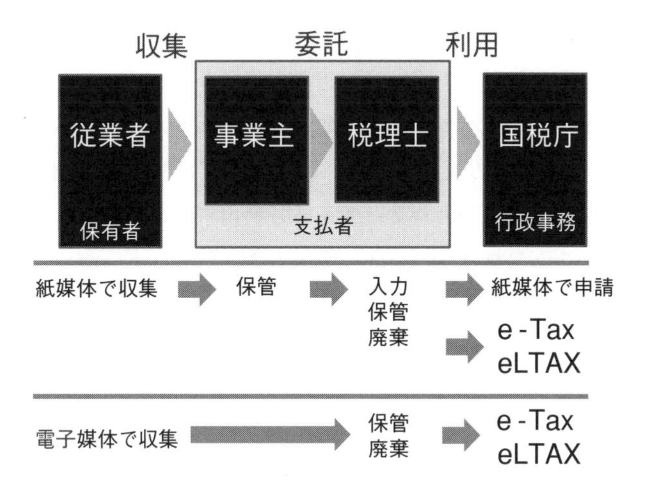

注）　図中の太い矢印は移送を示す．

図 2.15　個人番号の取扱いの流れ [13]

しかしながら，個人番号の電子化の取扱いの流れは単純化するが，電子化された大量の個人番号がコンピュータシステムに格納されていることから，個人番号が漏えいすると大きな事件・事故へと発展する可能性がある．

コンピュータシステムも，事業者によって，センター系，サーバ系，クラウド系と分かれる．センター系，サーバ系の場合は，収集した個人番号の入力業務が，税理士事務所に集中する．クラウド系の場合は，入力は個人番号を通知された従業者が行うことになり，税理士事務所の負担は軽減する．

クラウドのリスクについては，**2.1 節**を参照されたいが，個人番号の ASP を提供するクラウド業者の IDC(データセンター)の設置場所は次のとおりである．

- Amazon.com　米国・欧州系－スコットランド
  　　　　　　　アジア系　　－アラスカ
- 奉行シリーズ個人番号収集・保管業務－日本(館林の富士通の IDC)
- A-SaaS(エーサース)－ Amazon Web Services を利用(日本国内)

ところで，「パーソナルデータの利活用に関する制度改正大綱」では，「提供を受ける外国事業者において個人データ等の安全管理のための必要かつ適切な措置が講じられるよう契約の締結等の措置を講じなければならない」としている．今後，さらにグローバル化への対応が図られるものと考えられる．

また，「特定個人情報の適正な取扱いに関するガイドライン(事業者編)」では，委託は「個人番号関係事務又は個人番号利用事務の全部又は一部の委託する者」とし，クラウド業者への委託に関することに触れていない．しかし，民法第715条(使用者等の責任)では，委託元の責任を謳っているので，いずれにしても，クラウド業者の選定にあたっては，クラウドのリスクを分析して，懸念するリスクを配慮して，事業者に合ったクラウド業者を選定する必要がある．

なお，プライバシーマーク制度では，クラウドサービス業者，ハードウェア，ソフトウェア保守サービス，配送業者，通信業者は，委託先として扱う．

2.3　特定秘密保護法

2.3.1　特定秘密保護法とは

国民の99%が特定秘密に関係しないことから，特定秘密保護法そのものに関係する人は少ない．しかし，秘密の保護の方法は示唆に富んでいる．この節では，方法の示唆を得るために，特定秘密の保護に関する法律(以下，特定秘密保護法)を紹介する．

秘密の保護には，「刑法における「秘密を犯す罪」(第２編第13章)は，信書開封(第133条)，医師・弁護士など特定の職業従事者の秘密漏示(第134条)の２罪と，それらが親告罪であること(第135条)を規定するのみ」があり，知的財産を護るために秘密という概念が存在したが，秘密の概念から「国家の秘密」が欠落していた．国家や国の生命，財産を護るために，特定秘密保護法が成立した[23]．

大きな理由は，北朝鮮問題や国際情勢の緊迫化にあるが，そこで，「①特定秘密の範囲に該当する事項に関する情報であって，②公になっていないもののうち，③その漏えいが我が国の安全保障に著しい支障を与えるおそれがあるため，特に秘匿することが必要であるものを特定秘密として指定」している．ここで，特定秘密の範囲は次に引用する特定秘密保護法の別表に記載されたものである．

一　防衛に関する事項

イ　自衛隊の運用又はこれに関する見積り若しくは計画若しくは研究

ロ　防衛に関し収集した電波情報，画像情報その他の重要な情報

ハ　ロに掲げる情報の収集整理又はその能力

ニ　防衛力の整備に関する見積り若しくは計画又は研究

ホ　武器，弾薬，航空機その他の防衛の用に供する物の種類又は数量

ヘ　防衛の用に供する通信網の構成又は通信の方法

ト　防衛の用に供する暗号

チ　武器，弾薬，航空機その他の防衛の用に供する物又はこれらの物の研究開発段階のものの仕様，性能又は使用方法

リ　武器，弾薬，航空機その他の防衛の用に供する物又はこれらの物の研究開発段階のものの製作，検査，修理又は試験の方法

ヌ　防衛の用に供する施設の設計，性能又は内部の用途(ヘに掲げるものを除く.)

二　外交に関する事項

イ　外国の政府又は国際機関との交渉又は協力の方針又は内容のうち，国民の生命及び身体の保護，領域の保全その他の安全保障に関する重要なもの

ロ　安全保障のために我が国が実施する貨物の輸出若しくは輸入の禁止その他の措置又はその方針(第一号イ若しくはニ，第三号イ又は第四号イに掲げるものを除く.)

ハ　安全保障に関し収集した国民の生命及び身体の保護，領域の保全若しくは国際社会の平和と安全に関する重要な情報又は条約その他の国際約束に基づき保護することが必要な情報(第一号ロ，第三号ロ

又は第四号ロに掲げるものを除く.)

ニ　ハに掲げる情報の収集整理又はその能力

ホ　外務省本省と在外公館との間の通信その他の外交の用に供する暗号

三　特定有害活動の防止に関する事項

イ　特定有害活動による被害の発生若しくは拡大の防止(以下この号において「特定有害活動の防止」という.)のための措置又はこれに関する計画若しくは研究

ロ　特定有害活動の防止に関し収集した国民の生命及び身体の保護に関する重要な情報又は外国の政府若しくは国際機関からの情報

ハ　ロに掲げる情報の収集整理又はその能力

ニ　特定有害活動の防止の用に供する暗号

四　テロリズムの防止に関する事項

イ　テロリズムによる被害の発生若しくは拡大の防止(以下この号において「テロリズムの防止」という.)のための措置又はこれに関する計画若しくは研究

ロ　テロリズムの防止に関し収集した国民の生命及び身体の保護に関する重要な情報又は外国の政府若しくは国際機関からの情報

ハ　ロに掲げる情報の収集整理又はその能力

ニ　テロリズムの防止の用に供する暗号

(特定秘密保護法，別表より)

考え方は，知る権利を背景とした人権論の枠組みのみで，論じることは現実的ではなく，「国は，国民の生命や利益を確保するために，一定の秘密を守らなければならない」にもとづいている[24]．例えば，

① 外交交渉との前提となる秘密が，事前に相手国に漏えいすると，大きな不利益を被る[24]．

② 防衛関係の秘密漏えいでは，対抗措置がとられ，自衛隊員および国民の生活に危険が及ぶ可能性がある[24].

③ 同様にテロ組織に対しても，秘密が漏えいすると，対抗措置がとられ，国民の生活に危険が及ぶ可能性がある[24].

国の秘密の保護として，秘密の種類(根拠法)，防衛秘密(自衛隊法)，極秘・秘密(国家公務員法)，衛星秘・特別管理秘密，特別防衛秘密(MDA 法)がある．しかし，「秘密の保護」そのものの発想がなかったが，特定秘密保護法の罰則は，故意による場合は，10 年以下の懲役の厳しい刑事罰が適用される．営業秘密の場合は，非公知性，有益(実質秘)，秘密管理性であったが，刑事罰を成立させる条件は，「構成要件に該当する違法な行為，正当行為(患者の要請を受けた外科手術)など「違法性が阻却される特段の事由」がなく，行為者に責任能力があること」[24]である．

海上自衛隊における特別防衛秘密流出事件では，イージス艦の運用マニュアルが漏えいした事件があり，その概要は次のとおりである[25].

事案の概要

(1) 本日(12 月 13 日)，平成 14 年当時海上自衛隊艦艇開発隊(横須賀)に所属していた 3 等海佐が，神奈川県警察及び海上自衛隊警務隊により日米相互防衛援助協定に伴う秘密保護法違反の容疑で逮捕されたもの．

(2) 本件は，艦艇システムの開発，改善及び維持管理等の業務に従事していた上記 3 等海佐が，業務に関してイージスシステムに関する特別防衛秘密(※)を含む電磁的記録を入手し，平成 14 年 8 月頃，これをコンパクトディスク 1 枚に記録の上，海上自衛隊第 1 術科学校(江田島)において教官として勤務していた 3 等海佐宛に送付して譲渡し，業務により知得した特別防衛秘密を他人に漏らしたとされるもの．

※米国から供与された装備品等の性能等に関する秘密

出典）防衛省：「海上自衛隊における特別防衛秘密流出事件について」，平成19年12月13日，2007.
http://www.mod.go.jp/j/press/news/2007/12/daijin13.pdf

国民にとっては他国より攻撃を受けた場合の本土を防衛する任務を負った艦艇システムの情報の漏えいである．防衛秘密（自衛隊法）を取り扱うことを業務とする者に対する罰則が適用された．特定秘密保護法では，従来，欠落していた「国家の秘密」の概念を明確にし，特定秘密の指定や解除の方法についても言及している．

各行政機関の長は，特定秘密の指定を行い，5年ごとに各行政の大臣がチェックを行い，30年を超えない範囲で秘密の解除を行う．30年を超えて指定を延長する場合は内閣の承認が必要となる．指定が60年を超える場合には，例外的な情報を除いて，自動的に解除され，解除された情報は，国の公文書館に保管される（**図2.16**）．

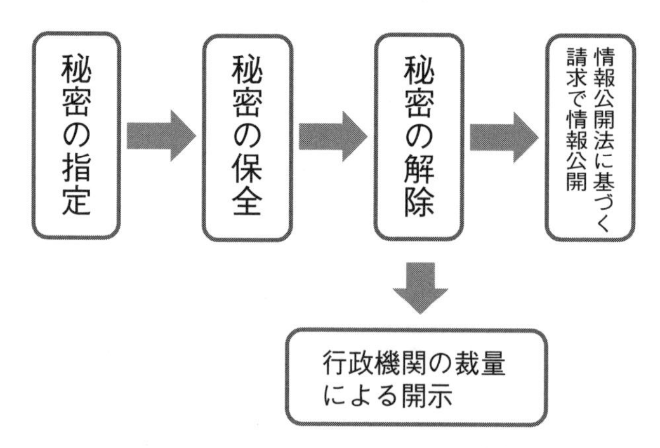

図2.16　特定秘密保護法の基準[24]

2.3.2 適性評価制度

適性評価制度は，「特定秘密を取り扱う個人について，漏らすおそれの有無を判断する」[24]で，「クリアランス」と称し，クリアランスの資格をもった人や事業所でないと，特定秘密を取り扱うことができない．米国およびその他の諸外国のインテリジェンス機関や軍と情報共有するためには，共有する国と，同程度の特定秘密情報を護る制度があることが求められ，設けられた制度である．

本人の同意を必要とするが，特別秘密の情報を取り扱っても良いかの可否を判断するため，本人のプライバシーにかかわる事柄を行政機関が調査する．適性評価の調査事項は，以下のように過去の犯罪歴，テロや特定の有害活動，薬物の濫用，犯罪歴がない，精神疾患に関する事項，飲酒，経済的状況などである[20]．

① 特定有害活動及びテロリズムとの関係に関する事項
② 犯罪及び懲戒の経歴に関する事項
③ 情報の取扱いに係る非違の経歴に関する事項
④ 薬物の濫用及び影響に関する事項
⑤ 精神疾患に関する事項
⑥ 飲酒についての節度に関する事項
⑦ 信用状態その他の経済的な状況に関する事項

※家族（配偶者・父母・子・兄弟姉妹，配偶者の父母及び子をいう．）及び同居人については，①の調査に当たって，氏名・生年月日・国籍・住所のみを調査．

出典） 内閣官房特定秘密保護法施行準備室：「特定秘密の保護に関する法律 説明資料」，2013.
http://www.kantei.go.jp/jp/topics/2013/headline/houritu_gaiyou_j.pdf

クリアランスの認定が与えられると，特定秘密にかかわる情報の取扱いや業務に従事することができる．

2.3.3 特定秘密の持出しおよび閲覧の制限

特定秘密情報が，どのような媒体で存在しているかにより，その管理の仕方は違う．紙媒体で存在している場合には，持出しのリスクが存在し，電子媒体で存在している場合には，インターネットを介した不正アクセスの脅威が存在している．

特定秘密情報は紙媒体で存在し，電子化されていないと主張する人もいるが，イージス艦の運用マニュアルは，紙媒体にすると相当な量となる．また，それらのすべてを手書きしていることは考え難いことから，三等海佐がCD-ROMで持ち出したように，コンピュータシステム上に存在していたことが容易に推測される[25]．

機密情報が存在する場所や，機密情報を取り扱う場所については，周囲が物理的な障壁で囲まれ，入退のチェックや入退室の記録やログの取得が必要である（**図 2.17**）．また，そのようなセキュリティルームに入る場合は，持ち物検査を行い，物の持出し持込みが行えないようにする必要がある．

① 持出し持込みの禁止（入室時，退室時に持ち物検査を行う）

② セキュリティルームでのカメラによる監視

③ 外部の者が入室する場合には責任ある者が付き添う

④ コンピュータシステムへの機器の接続を禁止（USBメモリーおよびその他）

⑤ セキュリティルームは外部と隔離されていること

⑥ 映像機器，携帯電話，PCなど，記録機器の持込みの禁止

⑦ 情報アクセスについては，セキュリティルーム内に担当者を１名を配置し，担当者を介して閲覧できるようにし，閲覧室内にて閲覧するようにする．

⑧ クリアランスの資格を有したものに，閲覧や持出しの許可を与える．

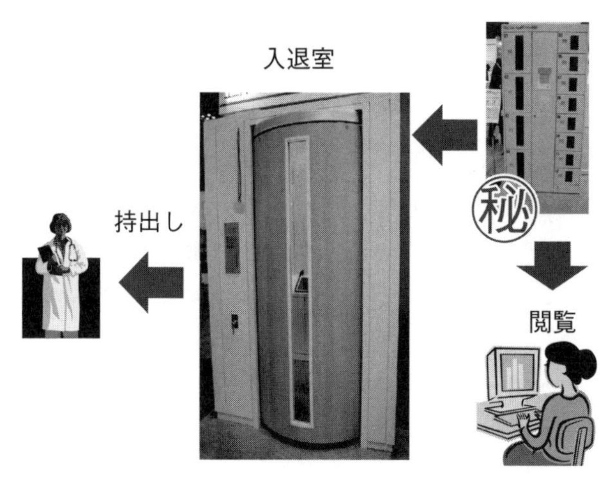

注） 写真は 2014 年 3 月 7 日開催の SECURITY SHOW で筆者が撮影.

図 2.17 物理的安全管理措置(入退室管理)

ところで，ベネッセの顧客情報漏えいは，「進研ゼミ」を運営するベネッセから業務委託を受けているベネッセグループ企業「シンフォーム」の東京多摩事業所に派遣されているシステムエンジニアが，3,500 万件の顧客情報を流出し名簿業者に買い取らせたことによる[26].

名簿業者は，「スマイルゼミ」を事業化しているジャストシステム他 51 社に販売した．これに対してベネッセは，事件後，次の情報管理体制を公表した[26].

① 電子媒体の持込み：すべて持込み禁止，金属探知機で検査，監視カメラを導入

② データの書き出し：すべての外部メディアでできないようにする

③ アラート：アラート機能を設置

④ アクセスログ：定期チェックで監視強化

⑤ データベースの保守・運用：新たに設置する子会社のみで行う

⑥ 企業風土：第三者機関がデータ管理などを定期的に監査．情報管理を含む内部統制・監査の責任者などを外部から招く

2.4　忘れられる権利と情報の匿名性

2.4.1　忘れられる権利

インターネットに一度，掲載されると消すことができないといわれている．2014年2月，スペインのある男性が，米国のGoogle社を相手どって，スペイン情報保護局(AEPD)に提訴した．以前，男性の不動産が差し押さえられたもので，男性の名前で検索すると，関連する過去の新聞記事のリンクが，いつまでも提示されることから，苦情を申し立てた[27]．最終的には，スペイン情報保護局が「Googleが個人情報へのリンクを削除する責任あり」の結審を下し，Googleの検索結果からリンクを外した．

それ以外にも，本人が既に，死去しているにもかかわらず，家族が削除を申し立てても，生前の本人のFacebookのサイトを，容易に削除できない問題が生じている．

これを受けてマイクロソフトは，2014年11月，リンク削除の要請があると査定し，削除要請を受け入れるサービスを開始した[28]．

2010年11月4日，1995年に制定されたデータ保護指令(EU Data Protection Directive)を見直して，金銭の支払いに関係した請求書や支払い履歴の内部記録などを除いて，データが不要になった場合や，データを消したいときに，データを消去するか，匿名化する「忘れられる権利(right to be forgotten)」のデータ保護指令案[30]が提出された．

この提案は，ネット社会において，Facebook，LINE，TwitterなどのSNSによってパーソナルデータの自由な流れが生み出され，一方で，本人の権利と自由な活動を保護することが目的である．具体的には，「個人情報の収集と使用を最小限にとどめること，パーソナルデータが，誰によって，どのように，何のために，どれくらいの期間収集および使用されるかを本人に通知すること，またユーザーからは十分な説明をした上で同意を得る」である[30],[31]．

このことによって，SNSの事業者には次の3つの要件が求められることになった．

① 個人情報の収集と使用を最小限にとどめる.

② 本人へ通知する(誰によって, どのように, 何のために, どれくらいの期間収集および使用).

③ パーソナルデータを消去あるいは匿名化できる仕組みをもつ.

2.4.2 匿 名 性

インターネットに投稿された米国カンザス州の 19 歳の女の子の闘病日記が, 実は嘘で, 40 歳の女性が書いた作り話であることが, 後から判明する話がある. 癌の闘病日記を書いていると, インターネットに出入りする人々の同情を買い, 面白くなって, 次第にエスカレートして, 闘病に疲れ果てて死ぬことになる. Web サイトを訪れていた人々が同情して, 葬式に出たいとか, 贈り物をしたいと申し出たために作り話がばれ, FBI までが出る始末となった.

本来は, インターネットは, 相手の顔が見えないことから, 嘘や偽装してもばれない世界である. しかしながら, 少なくともインターネットに参加する限り, IP アドレスとアクセスログにより,「発信者に対する責任追及の方途と匿名性」の問題をプロバイダーの協力の下に解決することができる.

現在のところ, 被害に遭った本人が被害を訴えても, アクセスログの開示はプロバイダーの自由裁量の範囲となっている場合が多く, 泣き寝入りする場合が多い. これを受けて, 日本でもインターネットでプライバシーや著作権の侵害があったときに, プロバイダーが負う賠償責任の範囲と開示の請求権を定めたプロバイダ責任制限法が定められている.

ところで, 匿名性(anonymity)は, 追跡容易性によって定義され, 容易に追跡できない状態を指す[32],[40]. よく引き合いに出される概念として, 自己開示性(self-disclosure) が ある(自己開示性の反意語は機密(secret)である)[32],[40]. インターネットなどでコミュニケーションを図る際に, お互いをよく知り合うために, 自らの情報を開示することと定義される. インターネットやメールで知り合うと, すぐに仲が良くなるといわれるが, 反面, 別れるのも早いといわれる. 結婚するときに, 多くのデートを重ねたカップルの離婚率は少なく, お互いをよく知ることが，この自己開示性に相当する[40]．

人と人の付き合いや人脈を支援するサイトとして，SNS(Social Network Service)があるが，SNSは男女の恋愛に発展するかの問いに対して，イエスと答えた人の割合は，男性は64%，女性は53%で，女性はやや用心深い．

匿名性，自己開示性は情報技術の観点で重要な特性である．例えば，将来，電子投票が行われることになると，誰が投票したかはわからないように，自分自身を匿名にする必要がある(送信者に関する秘匿性)．逆に，本人であることの情報を提供し，選挙権のある本人であることを証明する本人性の確認の問題がある[40]．

また，インターネットバンキングなどで，銀行振込を行うときに，取引金額が，自分以外の人間が知りえないようにすることも必要となる(交信内容に関する秘匿性)．

一方，インターネットの広告(バナー広告)を受信しても，受信者の情報を広告主に開示することなく，受信者の個人情報が保護される(受信者に関する秘匿性)．このように，匿名性には次の3つの秘匿性が存在する[40]．

①　送信者に関する秘匿性

②　受信者に関する秘匿性

③　交信内容に関する秘匿性

2.5　スマートフォンの脅威と脆弱性

2.5.1　パーソナルデータとは

個人情報保護法の第2条で，個人情報(personally identifiable information)は，「特定の個人を識別することができるもの」と定義されている．一方，EUのデータ保護指令では，パーソナルデータを，「あるがままの個人を識別した，もしくは識別しうる，すべてに関係する情報(personal data shall mean any information relating to an identified or identifiable natural person (data subject)」と定義されている[33], [34]．

個人情報保護法が制定された2003(平成15)年5月30日の時点では，個人情報保護法の「個人情報」の定義は，それなりに対応していたかも知れないが，その後，スマートフォンなどの情報技術の進展や，Facebook，LINE，Twitter などの SNS の出現により，個人を広く捉え，保護すべき範囲が拡大している．Facebook はプライバシーの塊であるため，悪用されれば，犯罪やプライバシー侵害の温床となる．

EU のデータ保護指令のパーソナルデータの定義は，少なくとも次の 3 つにより構成される．

① 個人を特定する情報
　例：氏名，写真，電話番号，その他
② 個人情報と同等に扱うべき情報(プライバシー，生活の情報)
　例：商品の購入履歴，ゲームの利用履歴，ネットの閲覧履歴，その他
③ 情報を収集すると個人が特定できる情報
　例：利用者の位置情報，JR 東日本の Suica の乗降履歴

図 2.18 は，スマートフォンにおける利用者情報を示したものであるが，契約者，電話番号，写真などの個人を特定する情報，この情報以外に，商品の購入履歴，ゲームの利用履歴，ネットの閲覧履歴などプライバシーにかかわる情報が蓄積されている．スマホの無料アプリでは，利用者の位置情報を提供する代わりにアプリケーションを利用できるようになっている場合がある．JR 東日本の Suica で，乗降駅の履歴が販売され，個人ユーザーから訴訟となったことがあるが，一見，個人情報としてみなされないが，収集して集めると個人を特定する可能性がある情報である．乗降時刻とともに乗車駅と降車駅がわかると本人が特定できるという主張である．また，GPS による位置情報では，のべつ幕なしに携帯電話を使って Facebook に投稿した女性の，日常の行動と住んでいる場所が割り出され，ストーカーに狙われる被害が発生した．このようにデータを収集すると，個人を特定できる情報がある．

それ以外にも，人間の身体にある生体情報は，コンピュータ処理されると，バイナリーデータやベクトル情報となり，個人が特定されない情報となる．生体認証の情報は，個人情報ではないという者がいるが，本人が特定されないと

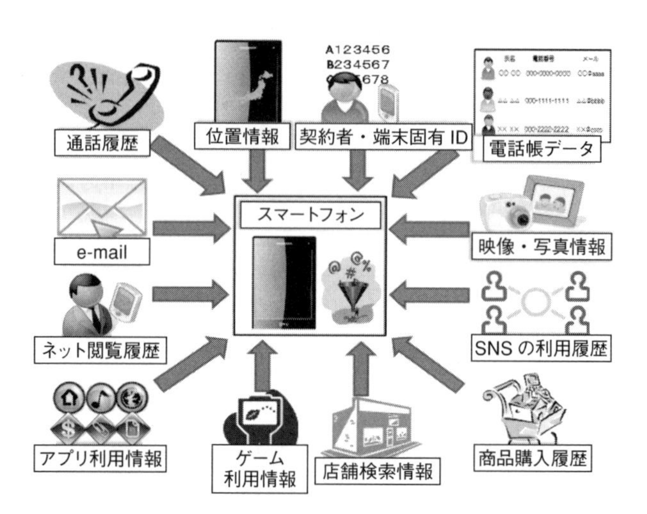

出典）利用者視点を踏まえたICTサービスに係る諸問題に関する研究会：「スマートフォン　プライバシー　イニシアティブ　－利用者情報の適正な取扱いとリテラシー向上による新時代イノベーション」，総務省，2012，p. 9.
http://www.soumu.go.jp/main_content/000171225.pdf

図 2.18　スマートフォンにおける利用者情報

いう理由のみで，本人の身体の中の情報が，理由もなく自分以外の第三者に知られることは，自由人としての本人を侵害するものである．個人情報の定義そのものを見直す時期に来ている．

2.5.2　スマートフォンの利用者情報

KDDI 研究所は，2011 年，PC およびモバイルのマルウェアの出現状況を調査したところ，PC：Andoroid フォン =4000：1 で，Andoroid フォンのマルウェア感染はほとんどなく，PC より安全であるとした．しかし，悪意によるアプリの情報漏えいは少ないが，説明なしに情報が転用されることが多いことを突き止めた[36]．

Andoroid Market の 14 カテゴリー × 70 個 =980 個の無料アプリを対象に調査したところ，558/980（58.9%）に，情報収集アプリを包含させていた．また，

表 2.1　アプリケーションから外部に送信した情報

	件(率)/400	送信情報
ID	50 件 (12.5%)	Android ID
	57 件 (14.3%)	端末 ID(IMEI)
	7 件 (1.8%)	加入者 ID(IMSI)
	0 件 (0.0%)	SIM シリアル ID(ICCID)
	7 件 (1.8%)	Google アカウント(Gmail アドレス)
	87 件 (21.8%)	Android ID の MD5 ハッシュ値
	4 件 (1.0%)	IMEI の MD5 ハッシュ値
	4 件 (1.0%)	電話番号
プライバシ	32 件 (8.0%)	位置(緯度・経度)
	3 件 (0.8%)	アプリ一覧

出典)　竹森敬祐：「スマートフォンからの利用者の送信〜情報収集の実態調査〜」，スマートフォンを経由した利用者情報の取扱いに関する WG(第 1 回)資料 4，総務省，2012，p. 5.

558 個中に，1065 個の情報収集モジュールを包含させていることが明らかとなった[36].

アプリケーションから外部に送信した情報には，Andoroid ID が 12.5%，端末 ID(IMEI)が 14.3%，プライバシーの情報となるが，位置(緯度・経度)が 8.0%，アプリ一覧が 0.8%である(**表 2.1**).

それ以外に，注意すべきではあるが考察を要するパーミッションとしては，カメラ撮影，録音，Wi-Fi アクセスポイント情報，Google カレンダー情報，Web アクセス履歴・ブックマーク，Google アカウントのパスワード，利用者情報，Google アカウント情報，スクリーンショット，キー入力がある[36].

これらの情報取得に際し，**表 2.2** の情報のうち，一つ以上の情報を取得しているアプリケーションは 45.3%で，そのうち 41.0%は，取得に際し，説明も許可も得ていない．これらの行為が，すぐに事件や事故に結び付くとはいえないが，2012 年，「the Movie」という動画系のアプリをインストールしたところ，攻撃者が用意するサーバに接続され，電話帳の情報がすべて送信されるという事件が発生している[37]．また，無料の「金魚すくいゲーム」のアプリをダウ

表2.2　外部に送信される注意すべき情報

(a) 注意すべきではあるが考察を要するPermission

利用率(%)	種別	取得できる情報
16.3	ACCESS_WIFI_STATE	Wi-Fiアクセスポイント情報
10.1	CAMERA	カメラ撮影
4.8	RECORD_AUDIO	録音
2.8	READ_CALENDAR	Googleカレンダ情報
2.4	READ_HISTORY_BOOKMARKS	Webアクセス履歴・ブックマーク
1.5	AUTHENTICATE_ACCOUNTS	Googleアカウントのパスワード
0.5	READ_OWNER_DATA	利用者情報
0.4	ACCOUNT_MANAGER	Googleアカウント情報
0.0	READ_FRAME_BUFFER*	スクリーンショット
0.0	READ_INPUT_STATE*	キー入力

注）　種別に記されるパーミッション名には，“android, permission.”が前に付与されます．
＊一般権限のアプリから利用することはできません．

(b) Android™パーミッションの不要な利用者情報

種別	詳細
Android ID	OSが初回起動時に生成する16桁の乱数＝端末IDとみなせる
SDカード	SDカード上で管理される情報(アプリのデータなど)
アプリ名	インストールされているアプリ一覧

出典）　竹森敬祐：「スマートフォンからの利用者の送信～情報収集の実態調査～」，スマートフォンを経由した利用者情報の取扱いに関するWG(第1回)資料4，総務省，2012，pp. 11-12.

ンロードすると，「組み込まれた情報収集モジュールが海外の広告会社に送信」される問題が発生している[39]．これらは，いずれも利用者への説明や同意がなく，無断で利用者情報を外部に送信している．

2.5.3　アプリケーション事業者と利用者情報の収集目的

スマートフォンのアプリケーション事業者は，大きく分けてアプリケーション配信業者と情報収集モジュール提供事業者に分かれる．

アプリケーション配信業者は有料と無料に分かれ，有料の場合はアプリケーションのダウンロード時に課金を行うため，Googleアカウントや位置情報，利用者情報を取得する．また，無料アプリの場合は，広告の表示や追加情報(アイテム，アバター，スタンプ)に対して課金するビジネスモデルを構築している．

一方，情報収集モジュール提供事業者は，スマートフォンに蓄積された利用者情報(**表 2.1**，**表 2.2**)を収集して，販売することが考えられ，JR 東日本の Suica の乗降履歴はその一例である．多くは，収集した情報は広告宣伝用に使用され，広告主からの広告収入により，ビジネスを展開している．

アプリケーションのダウンロードは，いずれの事業者においても，情報収集モジュールを組み込み，なんらかの利用者情報を取得している．

事業者の取得した利用者情報の利用目的は，以下の 4 つである[35]．

① アプリケーション提供に必要(契約者・端末固有 ID など)

② 新サービスの開発

③ 広告，消費者行動の分析，市場調査(スマートフォンの位置情報あるいは契約者・端末固有 ID など)

④ 将来的な利用可能性などのため，あらかじめ蓄積する(ビッグデータへの活用)

2.5.4　アプリケーション・プライバシーポリシー

スマートフォンは PC と違い，常に電源を入れて持ち歩くという特性がある．カメラ撮影，録音，Wi-Fi アクセスポイント情報，利用者情報，Google アカウント情報などが，インターネットに常に接続した状態にあり，悪意のある第三者に曝された状態となり，意図しない個人情報の利用や，プライバシーの侵害を被る場合がある．

これらのリスクを低減し，利用者の不安感を軽減するために，スマートフォンにおける利用者情報の取扱いについて，関係事業者は，次の 6 つの基本原則に従うことが望ましいと考えられている[35]．

①　透明性の確保

関係事業者等は，対象情報の取得・保存・利活用及び利用者関与の手段の詳細について，利用者に通知し，又は容易に知りうる状態に置く．利用者に通知又は公表あるいは利用者の同意を取得する場合，その方法は利用者が容易に認識かつ理解できるものとする．

②　利用者関与の機会の確保

関係事業者等は，その事業の特性に応じ，その取得する情報や利用目的，第三者提供の範囲等必要な事項につき，利用者に対し通知又は公表あるいは同意取得を行う．また，対象情報の取得停止や利用停止等の利用者関与の手段を提供するものとする．

③　適正な手段による取得の確保

関係事業者等は，対象情報を適正な手段により取得するものとする．

④　適切な安全管理の確保

関係事業者等は，取り扱う対象情報の漏えい，滅失又はき損の防止その他の対象情報の安全管理のために必要・適切な措置を講じるものとする．

⑤　苦情・相談への対応体制の確保

関係事業者等は，対象情報の取扱いに関する苦情・相談に対し適切かつ迅速に対応するものとする．

⑥　プライバシー・バイ・デザイン

関係事業者等は，新たなアプリケーションやサービスの開発時，あるいはアプリケーション提供サイト等やソフトウェア，端末の開発時から，利用者の個人情報やプライバシーが尊重され保護されるようにあらかじめ設計するものとする．

利用者の個人情報やプライバシーに関する権利や期待を十分認識し，利用者の視点から，利用者が理解しやすいアプリケーションやサービス等の設計・開発を行うものとする．

出典）　利用者視点を踏まえたICTサービスに係る諸問題に関する研究会：「スマートフォン　プライバシー　イニシアティブ　－利用者情報の適正な取扱いとリテラシー向上による新時代イノベーション」，総務省，2012，p. 56.

また，基本原則の遵守をコミットするため，スマートフォンのアプリケーション事業者は，個別のアプリケーションと情報収集モジュールについて，次のプライバシーポリシーを公表することが望ましい[35]．

① 情報を取得するアプリケーション提供者等の氏名又は名称
- アプリケーション提供者等の名称，連絡先等を記載する．

② 取得される情報の項目
- 取得される利用者情報の項目・内容を列挙する．

③ 取得方法
- 利用者の入力によるものか，アプリケーションがスマートフォン内部の情報を自動取得するものなのか等を示す．

④ 利用目的の特定・明示
- 利用者情報を，アプリケーション自体の利用者に対するサービス提供のために用いるのか，それ以外の目的のために用いるのか記載する．
- 広告配信・表示やマーケティング目的のために取得する場合には，その旨明示する．

⑤ 通知・公表又は同意取得の方法，利用者関与の方法
- 通知・公表の方法，同意取得の方法：プライバシーポリシー等の掲示場所や掲示方法，同意取得の対象，タイミング等について記載する．
- 利用者関与の方法：利用者情報の利用を中止する方法等を記載する．

⑥　外部送信・第三者提供・情報収集モジュールの有無

- 外部送信・第三者提供・情報収集モジュールの組込みの有無を記載する.

⑦　問合せ窓口

- 問合せ窓口の連絡先等(電話番号，メールアドレス等)を記載する.

⑧　プライバシーポリシーの変更を行う場合の手続

- プライバシーポリシーの変更を行った場合の通知方法等を記載する.(当初取得した同意の範囲が変更される場合，改めて同意取得を行う.)

出典)　利用者視点を踏まえたICTサービスに係る諸問題に関する研究会：「スマートフォン　プライバシー　イニシアティブ　－利用者情報の適正な取扱いとリテラシー向上による新時代イノベーション」，総務省，2012，p. 59.

参考文献

[1]　Peter Mell, Timothy Grance: "The NIST Definition of Cloud Computing," NIST(National Institute of Standards and Technology), Sep., 2011.

[2]　経済産業省 商務情報政策局 情報セキュリティ政策室：「クラウドセキュリティガイドライン活用ガイドブック」，経済産業省，2013.
http://www.meti.go.jp/press/2013/03/20140314004/20140314004-3.pdf

[3]　経済産業省 商務情報政策局 情報セキュリティ政策室：「クラウドサービス利用のための情報セキュリティマネジメントガイドライン 2013年版」，経済産業省，2013.
http://www.meti.go.jp/press/2013/03/20140314004/20140314004-2.pdf

[4]　日本工業標準調査会審議：『情報技術—セキュリティ技術—情報セキュリティマネジメントシステム—要求事項 JIS Q 27001：2014(ISO/IEC 27001：2013)』，日本規格協会，2014.

[5] ENISA(European Network and Information Security Agency): "Cloud Computing: Benefits, risk and recommendations for security," ENISA, 2012.
http://www.enisa.europa.eu/act/rm/files/deliverables/cloud-computing-risk-assessment

[6] ENISA(欧州 ネットワーク情報セキュリティ庁)著，独立行政法人情報処理推進機構 翻訳：「クラウドコンピューティング　情報セキュリティに関わる利点，リスクおよび推奨事項」，情報処理推進機構，2010.
https://www.ipa.go.jp/security/publications/enisa/

[7] ENISA(欧州 ネットワーク情報セキュリティ庁)著，独立行政法人情報処理推進機構 翻訳：「クラウドコンピューティング：情報セキュリティ確保のためのフレームワーク」，情報処理推進機構，2010.
https://www.ipa.go.jp/security/publications/enisa/

[8] Giles Hogben: "ENIS — Cloud Computing Security Strategy," ENIS, 2009.
https://www.terena.org/activities/tf-csirt/meeting30/hogben-cloudcomputing.pdf

[9] 井上理：「ファーストサーバ障害，深刻化する大規模「データ消失」」，『日本経済新聞』，2012年6月26日，2012.
http://www.nikkei.com/article/DGXNASFK2600L_W2A620C1000000/

[10] 内閣官房社会保障改革担当室：「マイナンバー 社会保障・税番号制度 動画でみるマイナンバー」，内閣官房，2015.
http://www.cas.go.jp/jp/seisaku/bangoseido/

[11] 「行政手続における特定の個人を識別するための番号の利用等に関する法律の規定による通知カード及び個人番号カード並びに情報提供ネットワークシステムによる特定個人情報の提供等に関する省令」，平成26年11月20日総務省令第85号，2014.

[12] 安田信彦：「税理士のためのマイナンバー対策～IT・クラウドの活用～」，税理士のためのマイナンバー対策セミナー，2015.

[13] 中尾健一：「守るよりも持たないマイナンバー対策」，税理士のためのマイナンバー対策セミナー，2015.

[14] 株式会社オービックオフィスオートメーション：「実演でわかる！　奉行シリーズマイナンバー収集・保管業務」，経営サポートセミナー　マイナンバー対策2015夏 in 東京，2015.

[15] 株式会社オービックオフィスオートメーション：「しっかり見せます！ 給与・

人事・就業・法定調書　最新機能」，経営サポートセミナー　マイナンバー対策2015夏 in 東京，2015.

［16］ 総務省・地方公共団体情報システム機構：「マイナンバー（個人番号）のお知らせ個人番号カード交付申請のご案内」，平成27年10月，2015.
https://www.kojinbango-card.go.jp/shared/templates/free/documents/pamphlet.pdf

［17］ 総務省：「地方公共団体における番号制度の活用に関する研究会　第四回資料3」，2015.

［18］ 内閣官房：「マイナンバー社会保障・税番号制度　よくある質問（FAQ）（5）個人情報の保護に関する質問」，2015年10月21日閲覧.
http://www.cas.go.jp/jp/seisaku/bangoseido/faq/faq5.html

［19］ 特定個人情報保護委員会：「特定個人情報の適正な取り扱いに関するガイドライン（事業者編）」，平成26年12月11日，2014.
http://www.ppc.go.jp/files/pdf/261211guideline2.pdf

［20］ 内閣官房特定秘密保護法施行準備室：「特定秘密の保護に関する法律 説明資料」，2013.
http://www.kantei.go.jp/jp/topics/2013/headline/houritu_gaiyou_j.pdf

［21］ 特定秘密の保護に関する法律（平成25年12月13日法律第108号），2014.

［22］ 「特定秘密保護法　統一的な運用基準の骨子」，2014.

［23］ 林紘一郎：「基調講演1 秘密の保護に関する情報法的視点とサンクションとしての刑事罰」，日本セキュリティ・マネジメント学会「第8回JSSMセキュリティ公開討論会」，2014.

［24］ 永野秀雄：「基調講演2 特定秘密保護法」，日本セキュリティ・マネジメント学会「第8回JSSMセキュリティ公開討論会」，2014.

［25］ 防衛省：「海上自衛隊における特別防衛秘密流出事件について」，防衛省，平成19年12月13日，2007.
http://www.mod.go.jp/j/press/news/2007/12/daijin13.pdf

［26］ 日本経済新聞：「ベネッセ 情報管理の「穴」」，『日本経済新聞』，2014年9月14日号 朝刊，7面，2014.

［27］ 鈴木英子：「Googleは個人情報へのリンクを削除する責任あり，欧州司法裁の判決」，『ITpro』，2014年5月14日.
http://itpro.nikkeibp.co.jp/article/NEWS/20140514/556582/

[28] 鈴木英子：「Microsoft，「忘れられる権利」に基づく削除要請の査定を開始」，『ITpro』，2014 年 12 月 1 日．
http://itpro.nikkeibp.co.jp/atcl/news/14/120102070/

[29] 鈴木英子：「EC がプライバシー保護の新規定案，「忘れられる権利」をユーザーに」，『ITpro』，2010 年 11 月 5 日．
http://itpro.nikkeibp.co.jp/article/NEWS/20101105/353829/

[30] 日経コンピュータ：「欧州委員会，「忘れられる権利」のプライバシー案を公式説明」，『ITpro』，2010 年 12 月 1 日．
http://itpro.nikkeibp.co.jp/article/NEWS/20101201/354730/

[31] Official Journal of the European Union: "DIRECTIVE 2006/24/EC OF THE EUROPEAN PARLIAMENT AND OF THE COUNCIL of 15 March 2006," EU, 2006.

[32] Monica T. Whitty, Adam N. Joinson: "Truth, Lies and Trust on the Internet," Routeledge, 2008.

[33] Drs. Ronald Koorn RE(editor): "Privacy-Enhancing Technologies White Paper for Decision-Makers," Ministry of the Interior and Kingdom Relations, the Netherlands, 2004.

[34] The European Parliament and of the Council: "Directive 95/46/EC of the European Parliament and of the Council of 24 October 1995 on the protection of individuals with regard to the processing of personal data and on the free movement of such data," EU, 1995.

[35] 利用者視点を踏まえた ICT サービスに係る諸問題に関する研究会：「スマートフォン　プライバシー　イニシアティブ　－利用者情報の適正な取扱いとリテラシー向上による新時代イノベーション」，総務省，2012.
http://www.soumu.go.jp/main_content/000171225.pdf

[36] 竹森敬祐：「スマートフォンからの利用者の送信～情報収集の実態調査～」，スマートフォンを経由した利用者情報の取扱いに関する WG(第 1 回)資料 4，総務省，2012.
http://www.soumu.go.jp/main_content/000143966.pdf

[37] NHK ニュース：「スマホアプリ情報大量漏洩か」，2012 年 4 月 13 日放送．

[38] 神田大介：「アップログに批判集中」，『朝日新聞』，2011 年 10 月 5 日夕刊，39 面，2011.

[39]　読売新聞：「スマホ 勝手に情報収集」，『読売新聞』，2011年11月28日夕刊，17面，2011.

[40]　小泉宣夫 監修，畠中伸敏・布広永示 編著：『情報心理』，日本文教出版，2009.

[41]　内閣官房 社会保障改革担当室，内閣府 大臣官房 番号制度担当室：「マイナンバー社会保障・税番号制度概要資料」，平成26年10月版，2014.
http://www.cas.go.jp/jp/seisaku/bangoseido/pdf/gaiyou_siryou.pdf

[42]　高度情報通信ネットワーク社会推進戦略本部：「パーソナルデータの利活用に関する制度改正大綱」，平成26年6月24日，2014.

第3章

情報媒体の特性と脆弱性

3.1　個人情報の媒体種別の変化

個人情報の取得から廃棄までのライフサイクルの流れで分析していくと，個人情報が同じ形態で存在していることは少ない．例えばカタログ商品の発送代行業務では，取得の段階は，商品カタログの背面に添付された申込はがきで顧客がカタログ商品の注文を出す．発送代行業者は，返信された申込はがきを郵便局から受領し，次に，PC に申込者情報を入力する．申込はがきは紙媒体であるが，PC に入力した段階では，PC 上の Excel ファイルなどに蓄えられ，申込者情報が電子化される．発送代行業者へのカタログ商品発送を依頼したデパートや通信販売業者などからは，申込者情報を知るために，CD-ROM などの電子媒体に格納し，申込者情報の納品が要求される．依頼元からの要請と本人の同意によるが，申込者情報は商品の売れ行きや，購入動機が調査され，市場調査のためのデータとして利用される．これだけの流れのなかに，同じ申込者の個人情報であっても，それを保管する媒体が次のように変化している(**図3.1**)．

申込はがき(紙媒体)→ Excel ファイル(電子媒体：PC 上の HDD)→申込者リスト(電子媒体：CD-ROM)→宅配伝票(紙媒体：宛名リスト)

当然，個人情報の保管媒体の形態が変化するとリスクも変化する．

紙媒体での申込はがきの配達は，破損(破れたり，破壊されること)，棄損(劣化して文字が判別できない，雨に濡れて文字が消える)，誤配，紛失が発生し，紛失や，「はがき」が半分になって配送されることもある．同様に，入

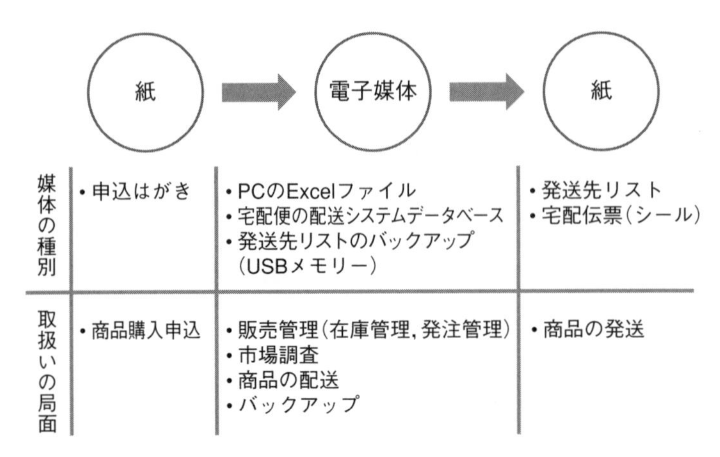

図3.1　取扱いの局面による個人情報の媒体種別の違い

力の段階では，誤入力が発生する．PC上のHDD上の申込者情報は，インターネットに接続されていることから，外部からの不正アクセスの脅威に曝される．最近の個人情報の漏えいは，内部が80%，外部が20%といわれ，内部からの個人情報の漏えいが多く，PC上のHDDに容易にアクセスができると，USBメモリーなどの電子媒体にダウンロードして外部に持ち出される．

以上のように，個人情報の態様によって，リスクは大きく異なる．これを受けて，JIS Q 15001：2006（以下，JIS Q 15001）は箇条3.3.3の「リスクなどの認識，分析及び対策」で，「その取扱いの各局面におけるリスク」（下線は筆者による）の分析を求めている．したがって，個人情報を保管する媒体が違えば，別個の個人情報としてリスク分析を行う．

3.2　個人情報の取扱いの流れと安全管理措置

カタログ販売には，クレジット会社の通販事業，郵便局の季節商品のカタログ通販，百貨店のカタログ通販と，多種多様な販売形態が存在する．大まかな取り扱いの流れは，お客がカタログ通販の商品を見て，商品カタログの裏面に添付された「申込はがき」に購入したい商品名を記入し，発送代行業者宛にはがきを送る．発送代行業者は，申込はがきを郵便局に取りに行き，持ち帰った申込はがきを，サーバ上のファイルに入力し，お客が希望する商品を引き当て，発送する．

発送代行業者の大まかな業務の流れは，郵便局で「申込はがき」を受領する(**取得**)→自動車で「申込はがき」を会社に持ち帰る(**移送**)→「申込はがき」の内容をPCに入力する(**入力**)→「申込はがき」をキャビネットに保管する．申込者情報をPCに保管する(**保管**)→PC上の「申込者情報」から宅配伝票を出力する．商品を引き当て，商品を梱包し発送する(**利用**)→PC上の「申込者情報」のバックアップをとる→業務終了後，PC上の申込者情報をCD-ROMに落としカタログ商品発送の依頼元に納品する．紙媒体の「申込はがき」をシュレッダーで廃棄する．PC上の申込者情報を消去する(**廃棄・消去**)，となる(図3.2)．

この業務フローの流れに沿って，個人情報の取扱いの各局面とリスクを明らかにし，想定されるリスクに対して安全管理措置の対策を講じる．また，対策の実施が確実になるように，具体的な対策を規程類などにルール化する．以上

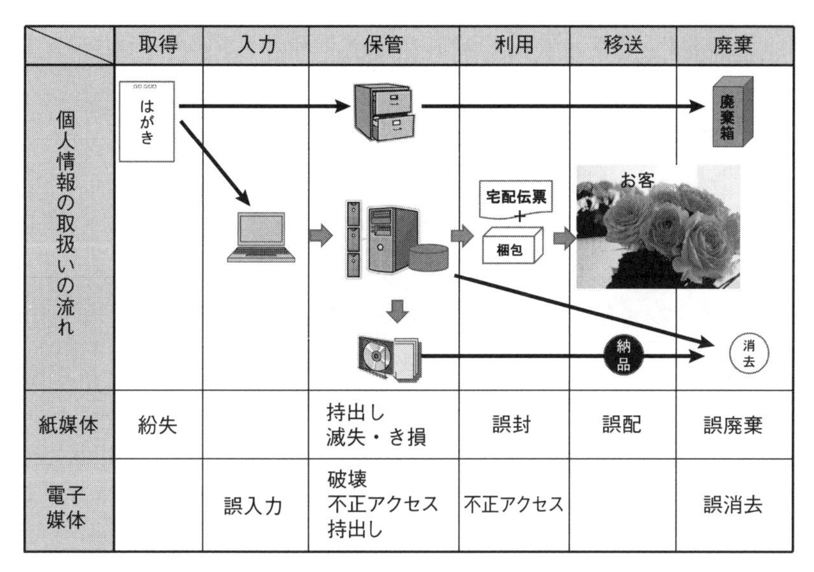

図3.2　発送代行業者の個人情報の取扱いの流れ

の発送代行業務での個人情報の取扱いの流れと，安全管理措置は次のようになる．

① **取得**：郵便局へ行き，購入希望者が送付した申込はがきを受領する．このときに，紛失を防ぐ安全管理措置として，「申込はがき」の枚数を数える．

【対策例】紛失→授受の確認

② **移送**：郵便局で受領したはがきを，ジュラルミンケースに格納し，事業所まで持ち帰る．このときの運搬ルールとしては，よそに立ち寄らずに直帰することで，トイレ休憩で，コンビニに立ち寄った際には，車の鍵を掛け忘れない．

【対策例】盗難，置き引き，紛失→運搬ルール

③ **入力**：持ち帰った「申込はがき」は，PC の前に座り，Excel ファイルに入力し，社内のサーバ上の共有ファイル上に保管する．入力に伴って，誤入力が生じるので，入力した Excel ファイルをプリンター出力し，目視により，入力ミスがないかを確認する．誤入力の確認は入力の担当者が二度チェックする場合や，入力の担当者以外が行う場合もある．

【対策例】誤入力→ダブルチェック

④ **保管**：「申込はがき」から購入者情報を，PC の Excel ファイル上に入力すると，不着などの委託元からの問合せに応じるために，「申込はがき」を，発送代行業者のキャビネットに保管する．また，入力された PC および共有ファイルサーバ上の「申込者情報」は，インターネットを介した外部からの不正アクセスを防止する．

【対策例】持出し→キャビネットの鍵管理

不正アクセス→アクセス管理

⑤ **利用**：Excel ファイル上に蓄えられた「申込者情報」をもとに，宛名リストと宛名ラベルを出力する．あるいは，佐川急便の e-秘伝のソフトやクロネコヤマトの B2 ソフトを介して，宅配伝票を出力する．引き

当てた商品を商品倉庫から，ピッキングし，作業所で梱包し，宛名ラベルあるいは宅配伝票を貼り付け，一時保管場所に保管する．宅配業者が来訪し，梱包した商品を引き取り，宅配業者が商品の購入者先まで，配送する．

宛名リストと宅配伝票を確認し，宅配業者への授受を確認する．また，宅配伝票に付与された「お問合せ伝票番号」により，発送状況と，お客への未着や不着を管理する．

発送代行の業務が終了すると，依頼元のクレジット会社や，百貨店などに，「申込者情報」，「発送情報」をCD-ROMに格納し，作業報告書とともに納品し，支払いを請求する．

【対策例】不正アクセス→アクセス管理
誤配，誤送付→授受確認

⑥ **委託**：業務の委託先には，発送を委託する宅配業者や，日本郵便がある．それ以外に，梱包を委託した場合は，梱包業者も再委託先となる．委託先の選定にあたって委託先を評価し，依頼元との契約により，使用する委託先の同意を得る必要がある．

【対策例】委託先からの漏えい→契約による管理，評価・選定
CD-ROMの移送→運搬ルール，暗号化

⑦ **バックアップ**：「申込者情報」をUSBメモリーにバックアップする．サーバ上の共有ファイルを，外付ハードディスクにバックアップする．日次で差分，週次で完全バックアップする．

【対策例】持出し→USBメモリーに管理番号を付与し，付番管理する．キャビネットへの鍵管理．
不正アクセス→アクセス管理

⑧ **廃棄**：「申込者情報」および「発送情報」をCD-ROMに格納し，依頼元に納品する．委託元の廃棄ルールに従って，CD-ROMを物理的に破壊する．委託元が廃棄を指示した場合は，一定期間保管後，紙媒体の「宛名リスト」，「はがき」を廃棄する．

PC および共有ファイル上の「申込者情報」,「発送情報」は消去する．廃棄は「廃棄箱」を用意し,「廃棄記録」に記録する．

【対策例】 **誤廃棄→**廃棄箱を用意する．廃棄方法，保管期間を「個人情報保護管理台帳」により管理する．

誤消去→消去はフラッグを立て，完全なる消去(物理的消去)は，2名以上が立会う．

カタログ商品の発送代行業務で個人情報媒体は，**図 3.2** に示すように，紙媒体では，申込者情報(申込はがき)，宅配便に貼り付ける送付状や，宛名ラベルがあり，電子媒体では，PC 上に格納された申込者情報，依頼元に納品する CD-ROM がある．これらのすべては，媒体が違えば，違う個人情報として特定し，リスク分析をする必要がある．

3.3　リスク分析と内部監査との関係

JIS Q 15001 の箇条 3.7.2「監査」の冒頭では，次のとおり個人情報保護マネジメントシステムの２つの監査の実施を要求している．

> **3.7.2　監査**
>
> 事業者は，個人情報保護マネジメントシステムのこの規格への適合状況及び個人情報保護マネジメントシステムの運用状況を定期的に監査しなければならない．〈以下略〉
>
> (JIS Q 15001：2006 より，文中下線は筆者による)

一つ目は，初回審査では当然であるが，個人情報保護マネジメントシステムの規程類や手順書の変更が行われた場合には，JIS Q 15001 の要求する事項を，改訂した規程類や手順書によって実現できるかを，監査によって確認する(**適合性の監査**)．

二つ目は，構築された個人情報保護マネジメントシステムが実施され，効果的に運用されているかを，監査によって確認する（**運用状況の監査**）．

運用状況の監査はさらに，リスク分析の結果，対策のルール化が図られた規程類や手順書に従って，効果的に運用されていることを監査で確認する．同時に，想定したリスクの対策後の残存リスクが顕在化していないかを監査によって確認する．監査の実施にあたっては計画書があるだけでは不十分で，監査を効果的に実施するためには，監査チェックリストのチェック項目に，リスク分析の結果，明らかとなった対策を反映させる（**図 3.3**，**図 3.4**）．

以上，JIS Q 15001 が要求する 2 つの監査をまとめると次のとおりである．

① **適合性の監査**

規程類や手順書が規格の要求事項を満たしていることを監査で確認する．

② **運用状況の監査**

- 規格の要求事項の箇条に沿って，定めたことが実施され，効果的に運用されているかを監査により確認する．

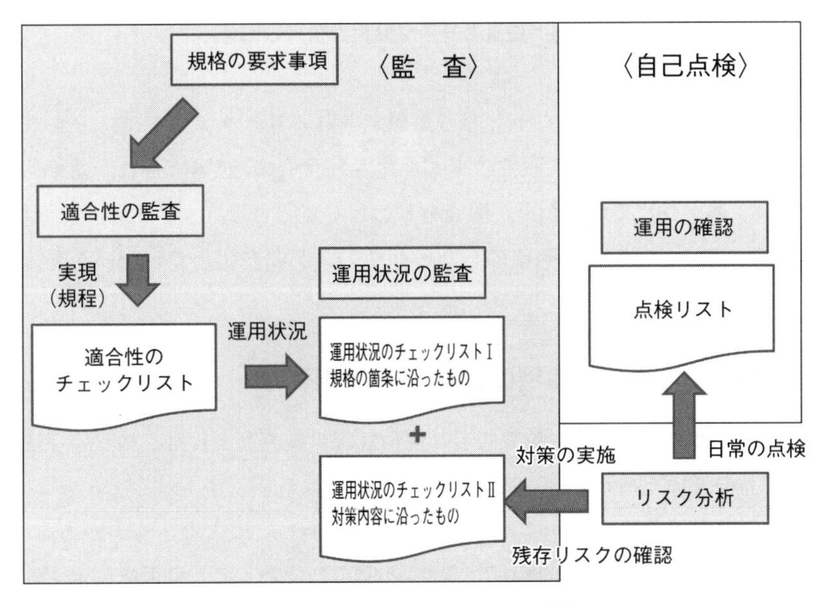

図 3.3　監査とリスク分析の関係

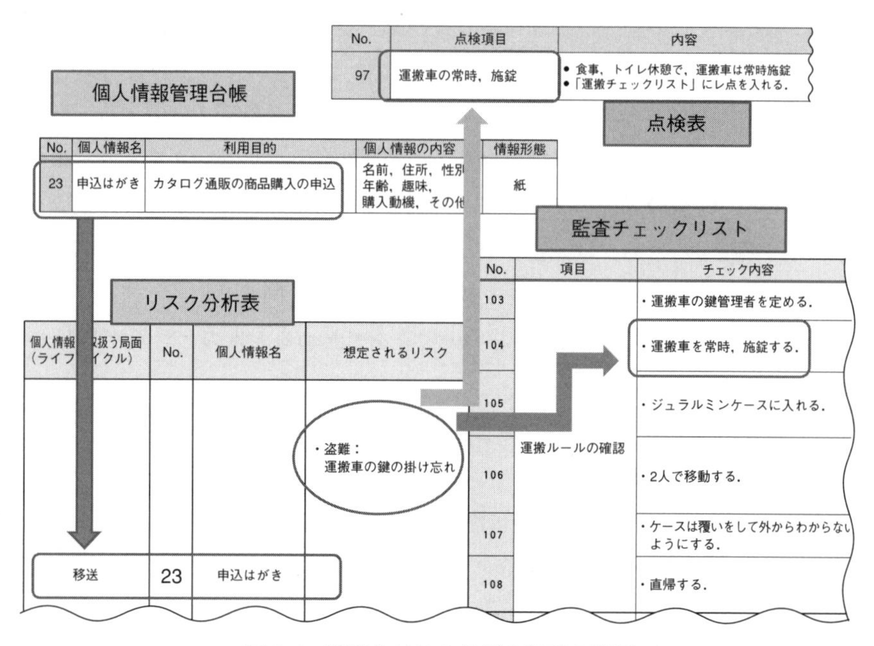

図 3.4　監査とリスク分析の帳票の関係

- リスク分析で明らかとなった想定されるリスクに対して，とられた対策(規程類や手順書にルール化されたもの)が実施され，効果的に運用されているかを，監査をとおして確認する．
- リスク分析表で明確にした残存リスクが顕在化していないかを確認する．

3.4　リスク分析と「運用の確認」との関係

次に問題となることは，監査での「運用状況の監査」と日常点検での「運用の確認」の違いである．

まず，日常点検から説明すると，判断の拠り所(基準)となるものがあって，自らの判断により，判断の拠り所(基準)と照らし合わせて，可否を決定することである．具体的にいうと，入退出管理や不正アクセスのログの点検などにおいて，責任者は入退出の管理者(例えば総務部の部長)，情報システムのシステム管理者であったりする．入退出の異常(特定者の休日出勤)，外部からの不正アクセスに気づき調査を行い，点検表に記入する．その頻度は日常的で，日次，週次，月次で点検を実施する．入退出については，日次で行い，不正アクセスの有無の確認については，経験的に月次で行う場合が多い．

日常点検において，リスク分析の結果，明らかとなった安全管理措置上の対策を，日常点検の項目として反映し，日常の運用において，定めた対策が実施されているかを，日常の点検のなかで確認する(**図 3.3**)．

これらに対して，JIS Q 15001 の箇条 3.7.1「運用の確認」では，「事業者の各部門及び階層において定期的に確認」することを要求している．

3.7.1　運用の確認

事業者は，個人情報保護マネジメントシステムが適切に運用されていることが事業者の各部門及び階層において定期的に確認されるための手順を確立し，実施し，かつ，維持しなければならない．

(JIS Q 15001：2006 より，文中下線は筆者による)

したがって，箇条 3.7.2 の「監査」で要求する「監査の客観性及び公平性を確保」するために，組織上の独立性を満たすように，年 1 回，実施される監査とは，大きく考え方が異なる．

3.7.2　監査

〈前略〉

事業者の代表者は，公平，かつ，客観的な立場にある個人情報保護監査責任者を事業者の内部の者から指名し，監査の実施及び報告を行う責任及び権限を他の責任にかかわりなく与え，業務を行わせなければならない．

> 個人情報保護監査責任者は，監査を指揮し，監査報告書を作成し，事業者の代表者に報告しなければならない．監査員の選定及び監査の実施においては，監査の客観性及び公平性を確保しなければならない．
>
> 事業者は，監査の計画及び実施，結果の報告並びにこれに伴う記録の保持に関する責任及び権限を定める手順を確立し，実施し，かつ，維持しなければならない．
>
> (JIS Q 15001：2006より，文中下線は筆者による)

JIS Q 15001の箇条3.7.1が求める「運用の確認」は，日常的で，ある基準にもとづいて自らが確認する点検を示し，箇条3.7.2の求める「監査」は，自部門ではなく監査の客観性および公平性を確保できる状況下で，あらかじめ定めた時期に(定期的とは，実施時期が決められていることで，少なくとも実施月が決められている)監査を実施することである．さらに，監査報告書を作成し，事業者の代表者に報告する．あらかじめ計画された(規程類上の規定，手順書など)とおりに実施され，効果的に運用されていることを確認する．

参考文献

[1]　日本工業標準調査会審議：『個人情報保護マネジメントシステム―要求事項　JIS Q 15001：2006』，日本規格協会，2000.
[2]　日本工業標準調査会審議：「解説」，『個人情報保護マネジメントシステム―要求事項　JIS Q 15001：2006』，日本規格協会，2000.

第4章

本人確認と生体認証

生体認証とは，人間の身体にある情報を用いて，本人であることを特定する方法の一つで，唯一無二であることの情報が絶対条件となる．

認証の歴史は古く，中国やインドでは個人認証を実施していたといわれ，1685年ネミヘア・グルーの皮膚紋理に関する論文が存在する．1858年にはウイリアム・ハーシェルが年金の支払いの適正化のために本人認証の方法として，指紋認証を利用した．1880年にヘンリー・フォールズが世界中で指紋は唯一無二であることを学会で発表している．1951年八海事件，1954年オランダ兵タクシー強盗事件など，日本の警察も指紋を犯人逮捕のために活用している．

ところでPCへのアクセスやファイルを読み取る人が誰で，読み込んだり，書き込んだりする権限を確認していたならば，事件・事故を防止し，事件・事故は発生しない．認証と同時に相手にファイルの中身を見せない仕組みとして暗号化され，認証と暗号化は一対で用いられる．

2005年頃は金融機関からのカード情報を盗み取り，本人になりすまし，多額のお金を引き出す事件が発生し，今も続いている．そのため，暗証番号に代わって生体認証が使われることが多くなった．生体認証の例として，IBMのPCやバッファローのUSBメモリーには指紋認証が使われ，NECの携帯電話には顔認証が用いられている．三菱東京UFJ銀行では手のひらに存在する静脈を用いた認証が行われ，郵便局では指の静脈を用いた認証が行われる．

ところで，人間の身体にある情報を生体認証として用いる条件は，次の3つがある．

① **普遍性(universality)**：万人所持

すべての人の身体に情報として保有していることで，顔，指紋，静脈などの万人が保有するものである．

② **唯一性(uniqueness)**：万人不同

世の中には自分と似た人が2人いると言われているが，その人に出会う確率は世界の人口が70億人であるから70億分の2である．また，DNAに至っては，同一性は100京分の1(= 10^{-18})である．人の身体にある情報を，生体認証の情報として用いる場合は，双子でも識別可能な情報を用いることが求められる．

③ **永続性(permanence)**：終生不変

人間は，生後20日を経ないと骨格等は固まらないといわれ，永続性については，保証されるものと保証されないものとがある．手のひらの内側の静脈のパターンは，生後まもなく固定化され，生涯不変といわれる．これ以外にも，DNAは母胎内にいるときから死後も不変の情報である．

一方，顔の骨格は生後まもなく形づくられるが，顔の皺は年齢に応じて変化し，たばこの自動販売機などで，年齢を識別する生体情報として使用されている．

4.1　生体認証の長短

本人認証の方法には，本人の持ち物，本人の知識によるもの，人間の身体にあるもの(バイオメトリックス)がある(**表4.1**)．それぞれ一長一短あるが，銀行のキャッシュカードや，入退館用のICカードは持ち物による認証である．カードは紛失や盗難の危険性がある一方で，低価格で安価であるメリットがある．知識によるものとしてパスワードがよく使用されるが，覚えきれなくて忘れる可能性がある．忘れるので，手帳や紙に書くと，他人が容易に知り得て，何のためのパスワードであるかわからなくなる．

パスワードは人間の記憶によるもので無償でこれより安いものはないが，攻

表 4.1　本人認証の方法と生体認証の導入基準

要件＼方法		持ち物	知　識	生体認証
		磁気カード，IC カード証明書など	パスワード	身体的(指紋・虹彩) 行動的(筆跡・声紋)
安全性	• 高照合精度 • 偽造，盗難がない • 無害	• 紛失，盗難，偽造 (×)	• 忘失 • スニファー(盗み見) (×)	• 偽造は困難 (◎)
経済性	• 安価	• やや費用がかかる (△)	• 無償 (◎)	• 費用がかかる (△)
利便性	• 操作容易性 • 認証時間が短い • 携帯性	• IC カードなどを読み取り装置への挿入 (○)	• 文字入力の手間 (○)	• 登録に時間が必要 • 携帯性に難色 (△)
社会的受容性	• 違和感がない • 抵抗感がない	• 違和感，抵抗感を感じさせない (○)	• 日常化している (○)	• 抵抗感がある(指紋) (△)

撃者が最も狙いやすいものである．容易に推測されないパスワードを設定すると，かえって思い出せないパスワードとなる．

それに比べ，人間の身体にある情報を用いるバイオメトリックスによる本人認証の方法は，記憶に頼る必要もなく，持ち運ぶ心配のないものである．また，本人認証の精度が高く，なりすましが少ない．

DNA 鑑定が導入された当初は，精度が悪く，犯人を誤認逮捕したことがあったが，犯罪捜査で使用される DNA 鑑定は，誤差が 10^{-18}(他人を本人とみなす確率)で，地球上の人間の数が 70 億人とすると，どんなに人を集めても，本人以外は DNA が一致することはない．犯罪捜査の強力なツールとなっている．そういえば，犬も 1 兆分の 1 の匂いの差を嗅ぎ分けることができ，有力な犯罪捜査の一員となっている．

DNA を除くと精度の高い生体認証は眼球の虹彩認証であり，その誤差は 10^{-5} である．虹彩認証は，セキュリティルームの入退室に使用されるが，眼をセンサーに近づけるなど，人によっては衛生面を嫌う人がいる．

利便性について，最も期待されているのは顔認証で，写真撮影されても，違和感なく受け入れられ，個人番号(マイナンバー)カードにも流用される．顔の濃淡を用いない顔の認証誤差は5～10%程度で，あまり精度はよくない．また，顔は外部に露出していることから，他者により写真を撮られ，入退館などの際に写真をかざすと，容易にハッキングされるなど，なりすましの脅威は最も高い．顔の濃淡を用いると顔認証の精度は，さらに高くなる．

同様に，指紋認証の認証誤差は10^{-4}で，導入費用は安く，それなりの精度があることから，PCのログインに使用されるなど，根強く使用されている．

これらの認証の方法には，一長一短があり，個人番号カードの顔写真については，持ち物であるカード，記憶によるパスワードとの組合せにより，認証精度を高めている．セキュリティルームへの入退室についても，同様にパスワードと組み合わせることにより，認証精度を高めている．容易にハッキングできないように配慮されている．

生体認証の代表的なものには，大雑把に次の7つがあり，以下に概略を述べる．特に重要な静脈認証，顔認証，指紋認証，虹彩認証は次節以降で詳細する（表4.2）．

表4.2　生体認証の比較

	認証精度（他人受入率）	認証時間	安全性	問題点
顔	5～10％	5秒以下	低	• 加齢 • 眼鏡 • 化粧
指紋	10^{-4}	5秒以下	低	• 指の乾燥 • 水濡れ
血管 （手のひら静脈認証）	10^{-5}	5秒以下	高	• メラニン色素
DNA	10^{-18}（100京分の1）	3時間	高	• 時間 • コスト
虹彩	10^{-5}	5秒以下	高	• まつ毛
声紋	2％	5秒以下	低	• 体調 • 経時変化
筆跡	2％	5秒以下	低	• 筋肉疲労 • 経時変化

①　指紋認証

古くから犯罪者の特定に用いられ，最も簡単な生体認証である．ただし，指先が乾燥していると，認証精度が低下する．また，器物に触れた部分から指紋が読み取られやすく(スキミング)，悪用される場合がある．利用例としては，携帯端末の個人認証，USB メモリーの認証キー，入国管理，犯罪捜査などがある．

②　顔認証

他の生体認証は身体に存在し，外見からすぐに識別できないが，顔は外に露出していることから，目視して一番，識別能力がある．しかし，正面，側面，斜めの見る角度により，識別能力は著しく変化する．帽子を被ったり，眼鏡を掛けると識別能力が変化するといわれたが，顔認証技術に複数の特徴点を捉えたり，濃淡を判別する技術が導入されたことにより，顔の認証精度は著しく向上している．個人番号カードに顔認証技術が取り入れられていて，「奇跡の一枚」といわれ，写真一枚を登録しておくと，どのような角度からも，本人の特定が可能である．

③　血管認証(手のひら静脈認証，指の静脈認証)

皮膚の内側を流れる静脈(血管)のパターンの違いを利用して，本人を特定する方法で，現在量産化可能な技術では最も安全といわれている．

大きく分けて，手の内側の手のひらの静脈の分布を利用する方法と，指の静脈を利用する方法がある．

導入例には，三菱東京 UFJ 銀行(手のひら静脈)，郵便局 ATM(指静脈)，企業のセキュリティ区画への入退出への利用がある．

④　DNA

人間の DNA は，A(アミン)，G(グアニン)，C(シトシン)，T(チミン)の 4 種類の塩基配列から構成され，約 30 億の塩基配列からなる．人間の 40 ～ 60 兆の細胞核にそれぞれ，同じ塩基配列で畳み込まれている．生涯不変で，認証精度は誤差が 100 京分の 1($= 10^{-18}$)である．

⑤　虹彩認証

瞳孔の周りに広がるカオス状の皺を虹彩(アイリス)と称し，濃淡のパターンにより本人であることを特定する．生後2年で皺の成長は止まり，一卵性双生児でも異なるパターンになる．

DNAを除くと精度が高く，非接触で偽造が困難である．生涯ほとんど変化することはないので再登録が不要だが，システムが高価である．

⑥　声紋

1962年にベル研究所のKerstaの発表に始まる．話者の音声の時系列変化を記録すると，本人の発生器官(声道)の形や大きさの違いにより，音声信号の成分パターンに違いが出る．このパターンの違いにより，本人を特定する．

他の認証方法に比べ，認証精度は落ちるが，電話を使う場合や，遠隔地であっても，音声による認証が可能である．なお，体調などの変化によって認証が難しくなり，偽造が比較的簡単である．

⑦　筆跡

筆跡を形態情報を使用する静的署名と，筆順，筆圧，運筆速度などの筆記運動の情報を用いるものに分かれる．

単体では確実性が低い(偽造可能)が，特殊なインクなどで確実性が向上する．導入例としては，CIA長官のサイン，FBI長官のサインを判別するために用いられる．

これらの認証方法に共通する問題点は，一度，ハッキングされると，本人が気づきにくく，ハッキングを容易に見破れないことである．

生体認証に共通する問題点としては，次のことが挙げられる．

- 認証登録の不可能な人もいる
- 体調変化などでの本人拒否
- 経年劣化や変化による本人拒否
- 既に偽造可能なものもある
- 一度破られればパスワード以上に高リスク

4.2 静脈認証

手のひら認証(**図 4.1**)では，静脈は人間の身体にある情報をもとにしているので，仮に手のひらを切って，読み取り装置にかざしても，本人として認証しない．静脈は生きている人間の手のひらで有効である．筆者自身の経験であるが，手のひらの静脈認証が出た頃は，セキュリティ区画には入れたが，セキュリティ区画から退出するときも，登録時にかざした読み取り装置と同じ位置に手のひらを置かないと，本人とみなされなかった．実はNTTに招待されてセキュリティ区画を見学したが，入るには入れたが，セキュリティ区画から出られなくて，守衛を呼んだ覚えがある．当時は実用化までの道のりは遠いと思っていた．

昔はスーパーマンが着替えた電話ボックスぐらいの大きさであった手のひら認証装置も，現在ではタバコのケースより小さくなり，読み取りの精度が一段と向上している．

その指標は本人拒否率と他人受入率で表現される．現在の到達レベルは本人拒否率 0.01，他人受入率 0.00008 である．一瞬とはいかないが，ほんの数秒で本人か否かを認証してしまう．

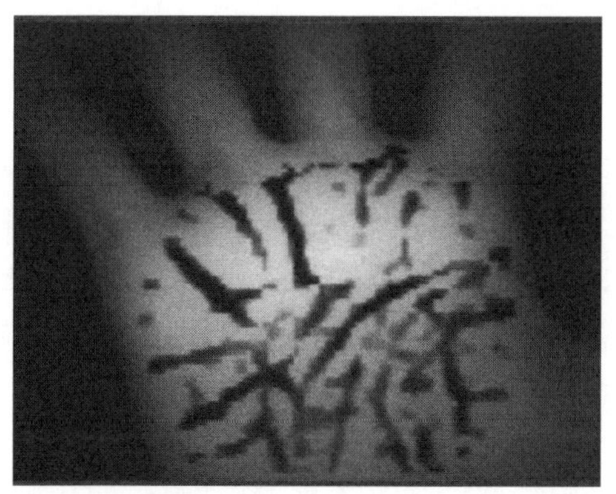

写真提供）　富士通

図 4.1　手のひらの静脈のパターン

この静脈認証にも問題点がある．韓国テクスフィアは手の甲で静脈認証を行うと，登録できない人が2万人のうち2人存在し，よく調べてみると拒否された2人は手の甲が毛深かった．そこで試しに毛を剃ったら問題なく登録できた．

なりすましや偽造の問題でも静脈パターンは皮膚の内部の情報をもとにしていることから，顔や指紋のように外部から写真に撮ったり，残留した指紋を複製して利用するようなことはできない．認証の唯一無二性については双子の兄弟でも静脈パターンは異なるとされており，生まれてから死ぬまで成長によってその大きさは変化してもパターン自体は一生変化しないといわれている．

ここまでくると，本人の認識率は100%ではないかということになるが，指紋認証ができない人は100人に1人存在し，なかには指のない人も存在する．指紋認証や眼の虹彩認証などは，万人が登録できるわけではなく，50人～1,000人に一人の確率で必ず登録できない人間が存在する．

顔認証に至っては，年をとって顔に皺（しわ）が入ったり，歯が抜けるとたちまち認証精度が落ちる．また緊張して頬を赤らめたり，気分が悪くなって青ざめたりすると認証精度が落ちる．

指紋はどちらかというと，悪いイメージが強い．寒い日は指紋の文様が浮かび上がらず，水を使った後は手に皺がよるなど，本人を認証できずに，温めてから認証装置を使うなどの問題が存在する．

偽装についても，虹彩認証や指紋認証は容易にハッキングできるという報告がされている．

次に問題となるのは，人間の生理的な好みに合致し，社会的に受け入れられるか否かである．指紋は警察の捜査で使われ実績はあるが，指紋を取られることには抵抗感ある．また人が触った箇所を，もう一度触るなど不潔感が存在する．虹彩による認証も同様である．それに比べて手のひら認証は，認証装置に手をかざすのみで違和感がない．

手のひら認証の特長は以下のとおりである．

①　高い安全性[5]

静脈情報は人が見ることができないためスキミングされる心配がほと

んどない．また，手のひら認証技術では情報量の多い手のひらの静脈分布情報を利用するため，本人拒否率 0.01，他人受入率 0.00008 と，高い認証精度を実現できる．

② 高い受容性[5]

手のひら静脈認証は指紋のように皮膚の表面状態の影響をほとんど受けない(乾燥や職業柄による変形など)．また多くの情報量を利用するため，一部が欠落しても安定的に認証できるうえ，手のひらをかざすという単純な操作のため誰でも確実に認証できる．

③ 小型の装置で認証可能[5]

手のひらの静脈の撮影は，LED から近赤外光を手のひらに照射し，写った画像を撮像素子で撮影する反射方式を採用している(**図 4.2**)．LED と撮像素子とは同じ場所に配置すれば良いため，装置の大きさは，手のひらという部位の大きさに依らず，実装技術の進歩次第でいくらでも小さくできる．現時点でも約 3.5cm(幅) × 3.5cm(奥行き) × 2.7cm(高さ)の小型化を実現している．

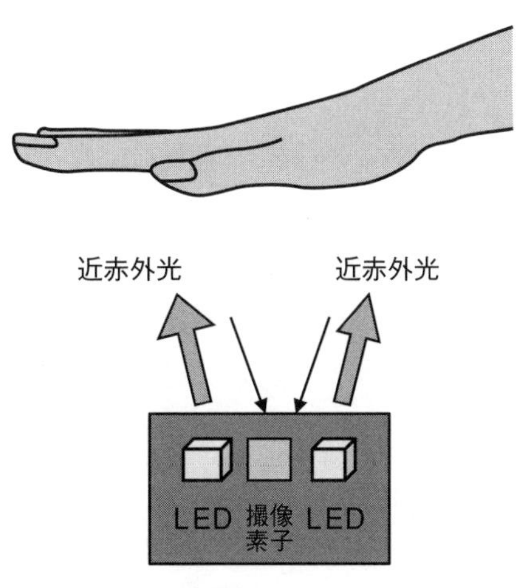

図 4.2　小型静脈センサーの仕組み

④　装置に触らずに認証(非接触)[5]

反射方式を採用しているため，原理的には装置に手を一切触れることなく認証ができる．このため不特定多数の利用者で装置を共用する場合などでも汚れにくく，衛生面でも気にならない．

実際の応用においては，あらかじめ利用者の静脈情報を取得し，これを登録しておく(取得した静脈情報をテンプレートという)．テンプレートの登録には，個人の IC カードの中に登録する IC カード方式と，サーバに一括して登録するサーバ方式とがある．そして，本人確認が必要となる場面で，装置に手のひらをかざし，ここで取得したテンプレートとあらかじめ登録したテンプレートを照合し，一致する場合に本人と判定する．

IC カード方式は，金融機関の IC キャッシュカードや，IC カードの社員証，学生証で利用されている．サーバ方式は，ドアの入退室管理や企業の業務システムへのログイン制御，出退勤管理などに利用されている[5]．

4.3　顔　認　証

顔になると自分の顔が撮られていることさえ気づかない．現在のところ装置の値段が高いので普及していないが，究極の認証装置は顔認証であるといわれている．

ただ監視カメラとして，顔をカメラで撮る場合は，監視員などの利用目的に関する教育・訓練が必要である．英国では監視員は若い黒人の男性をウォッチするといい，日本では若い女性をウォッチしているといわれている．顔は個人情報そのもので，利用の仕方によっては，プライバシーの侵害や誹謗・中傷の的になりかねない．大きく普及するためには法整備が必要であるが，利用の範囲は膨大である．

静脈認証の認証精度が高いからといっても，例えば新生児室を出入りする看護師は新生児を抱いているため手が塞がっているという問題がある．しかし，新生児室の入口に顔認証装置を設けていれば，新生児を抱いたまま容易に新生児室に出入りすることができ，不審者の侵入を防止できる．

また小学校生の事件・事故が多いが，学校までの道のりを監視カメラが追跡し，学校の登下校を安全にする．顔認証は建物の入退出管理，成田空港の入国審査での不審者の監視など利用の範囲は広い．

指紋認証の場合は指のない人が100人に一人存在し，認証できないケースが存在したが，世の中に顔のない人はいないであろうから，唯一無二で万人を認証することができる．

顔認証方式には，口元，鼻の付け根，目元，耳の中央などの特徴点を捉え，平面画像を濃淡で表す方法や，顔の各特徴点の距離や特徴点間のなす角度を特徴として表すなどの方法がある．

何らかの特徴量抽出アルゴリズムに抽出された生体特徴量（テンプレート）を，登録プロセスの段階で，あらかじめベクトル量として登録しておく．後の被験者との照合を容易にするために，登録画像の撮影画像から，背景から本人画像を切り抜き，顔検出と顔抽出処理を行う．

次に，被験者と比較を行うために，顔の上下，顔の横幅を同一の長さに揃える．また，顔の特徴点の画素数が特徴量として使用する場合は，撮影時の照明や撮影角度による画像の濃淡配列への影響を受けないように顔画像の撮影を行う．これらの一連の作業を正規化と称し，画像のノイズ処理を施し，正規化された顔画像の特徴ベクトル量をテンプレートとして登録する（**図 4.3**）．

被験者の照合プロセスも，ほぼ同様なプロセスを経て，被験者の正規化された特徴ベクトルとあらかじめ登録されたテンプレートのベクトルを比較し，しきい値（critical point）を当てはめ，本人であるか否かの判定を下す（**図 4.4**）．

4.4　指紋認証

指紋の紋様は，蹄状紋，弓状紋，渦状紋に分かれ，隆線の端点，隆線の分岐点，コア（核），デルタ（三角州）の指紋の特徴点[1)]（minutia：マニューシャ）を

1)　指紋には，指紋の紋様以外に，端（ridge ending），分岐（ridge bifurcation），湧出（ridge divergence），ドット（dot）あるいは島（island），囲み（enclosure）という個人を特徴づけるものがあり，これらを特徴点という．

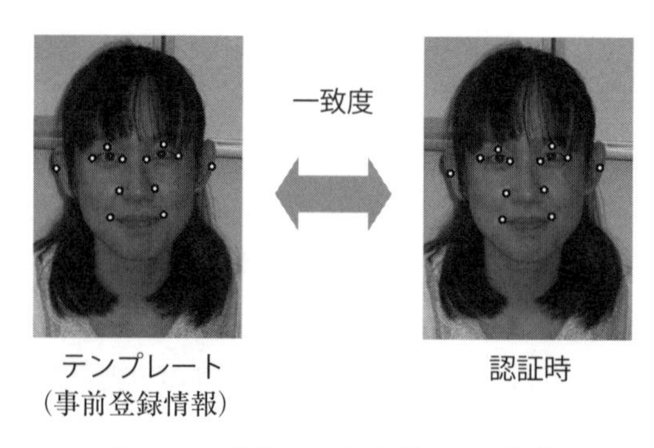

図 4.3　顔認証での登録データの比較

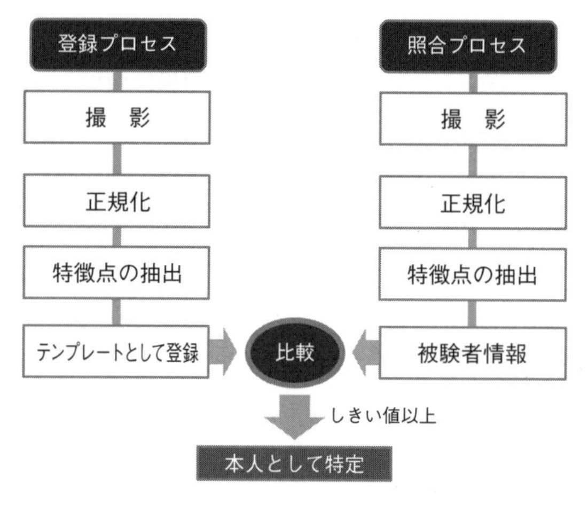

図 4.4　顔認証の基本構成

もつ(**図 4.5**)．通常，一本の指から 20 の特徴点を，あらかじめ登録し，被験者と照合する．

指紋は，水に濡れていたり，油が付着したり怪我をすると，照合したときに認証精度が下がるが，怪我で指を失わない限り，10 本の指の登録が可能であり，指紋の登録時は，数本を登録する．また，指紋には表皮指紋と深皮指紋があり，深皮指紋は指紋の表皮の状況による影響が少ない．

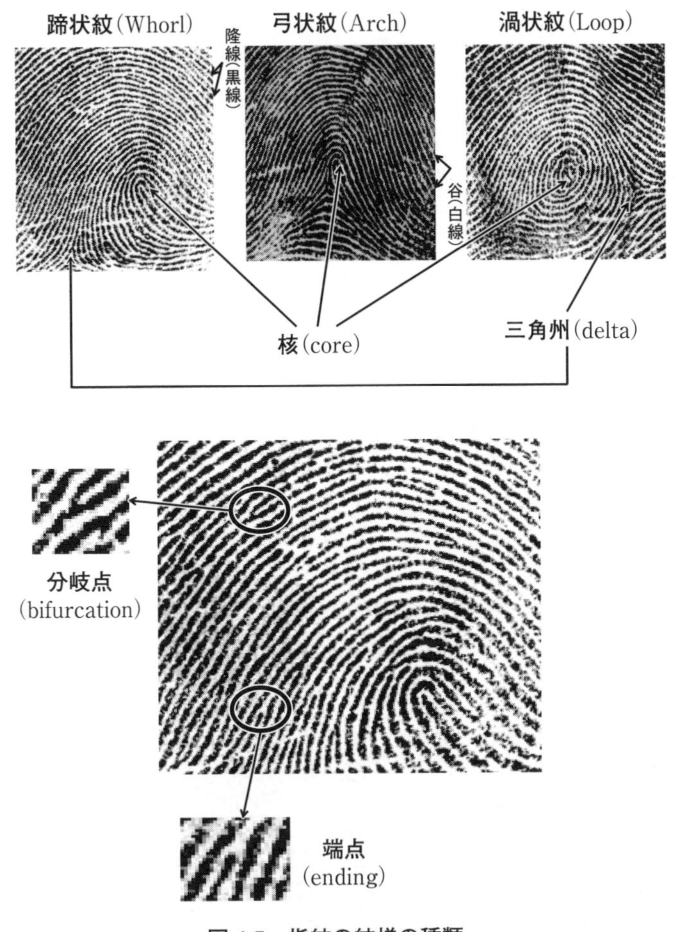

図 4.5 指紋の紋様の種類

指紋認証の方式には，光学式，静電式，感熱式，電界式，圧力式などがある．原理的には，指紋に生じる山(体温)と谷(空気温度)を検知する方法で，静電式の半導体のセンサー上部にスライドさせて，電荷量の違いを検知する方法である．光学方式は，プリズム下部からLEDを照射し，その反射像をレンズ，ミラーを介してCCDカメラで撮像するため，装置が大がかりとなった．

認証プロセスは，顔認証(**図 4.4**)と同様に，あらかじめセンサーから得られた特徴点の情報を被験者の特徴点と照合し，一致の度合いから本人を特定する．認証モデルとしては，クライアント側(PC)に登録データを置く場合と，サーバ側に登録データを置く場合がある．

4.5 虹彩認証

虹彩認証では，本人判定にあたっての特徴点の抽出のために，局部化処理を行う．**図4.6**に示すように，虹彩の外側の境界(白目と虹彩)，虹彩の内側の境界を検出する．また，目蓋やまつ毛は，虹彩に誤った虹彩データとなることを防ぐために，目蓋との境界を取り除き，虹彩データとする．

次に，虹彩の部分を，虹彩の外側の境界から，虹彩の内側の境界まで，8層に分割し，それぞれを分析帯とする．

虹彩の中心を原点として，極座標を定め，各分析帯の濃淡の変化を特徴点として抽出し，デジタルコードにより表現し，256バイト(2048ビット)の虹彩データとする．これを，**図4.6**に示す登録データとして登録する．

被験者からは，同様に，虹彩データの登録と同様な手順で，虹彩データを抽

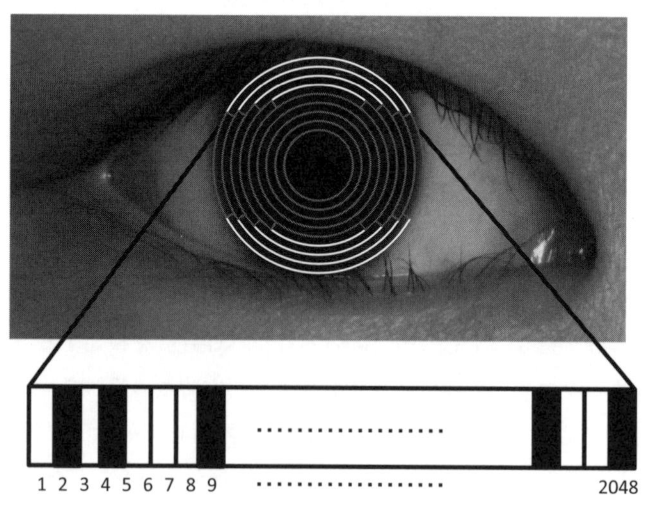

図4.6　虹彩認証の分析帯の原理図

	0(白)	**1(黒)**
0(白)	0(一致)	1(不一致)
1(黒)	1(不一致)	0(一致)

ハミング距離 $= \Sigma A_j(\mathrm{XOR})B_j/2048$
完全に一致：ハミング距離 = 0
不一致　　：ハミング距離 = 1

図 4.7　排他的論理和とハミング距離

出し，各極座標の各層のあらかじめ登録された虹彩データと，排他的論理和を計算し，一致している場合には“0”，不一致の場合は“1”となる．

この値を，ハミング距離の式に代入し，全体の一致度を計算する．ハミング距離にしきい値を当てはめ，本人であるか否かを特定する(**図 4.7**)．

4.6　本人拒否率と他人受入率

図 4.8 に示すように，本人と他人の類似度は，分布が重なる部分がなければ，本人を他人とみなしたり，他人を本人とみなしたりする誤りは生じない．しかし，わずかな差であるが，本人と他人の類似度の分布が重なる部分があると，認証に誤りが生じ，認証精度に影響する[1]．

そこで，ある程度の認証の誤りを認め，ある類似度よりも大きければ，同一人物とみなし，小さければ他人と判断する．

図 4.8 で FRR[2] (False Rejection Rate) は本人拒否率を示し，FAR[3] (False Acceptance Rate) は他人受入率を示す．本人拒否率は，本人ではあるが他人

2)　本人ではあるが，他人とみなして，棄却する確率で，統計学でいう第一種の過誤に相当する．第一種の過誤は仮説が正しいにもかかわらず正しいものとして，採択する確率のこと．

3)　他人ではあるが，本人とみなし，受入れる確率で，統計学でいう第二種の過誤に相当する．第二種の過誤とは，仮説が誤っているにもかかわらず，正しいものとして採択する確率のこと．

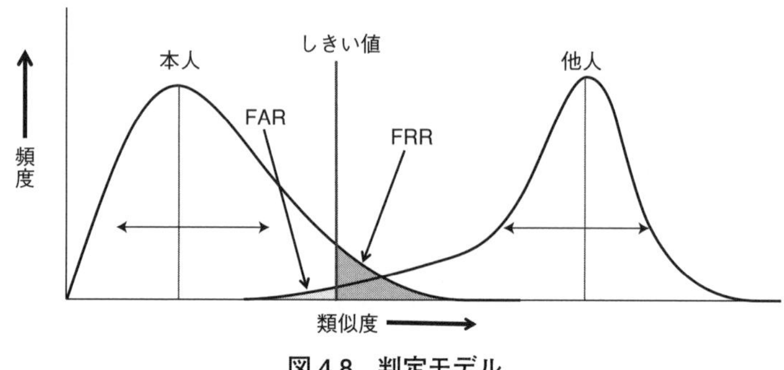

図 4.8　判定モデル

とみなす確率で，これは仮説は正しいが，対立仮説を採択する過誤を示す（αの過誤，第一種の過誤）．また，他人受入率は，仮説は正しくないが，正しいものとして採択する過誤を示す（βの過誤，第二種の過誤）．

しきい値[4]（critical point）の定め方には，NBTC（National Biometrics Test Center）で開発されたROC（Receiver Operating Characteristic）曲線がある．「事前に登録したテンプレートと認証のために入力したデータの類似度を算出し，類似度があるしきい値より大きければ同一人物，小さければ他人と判定する．ROCとは，そのしきい値をパラメータとして他人受入率FARと本人拒否率FRRの関係をグラフとしたもの」[1],[3]で，しきい値の把握や認証精度の見積もりが可能となる（**図 4.9**）．

通常，FRRは1/100以下に，FARは1/10,000以下に設定される場合が多く，この条件をクリアすると，生体認証装置として使用される．FRRとFARは，生体認証のしきい値により大きく変化し，FRRとFARの関係を示すROC曲線を求め，生体認証装置の性能を表す認証精度として用いられる．

4）本人への類似度の度合いが，ある一定以上であれば本人とみなし，ある一定未満であれば他人とみなす判断の拠り所となる数値．

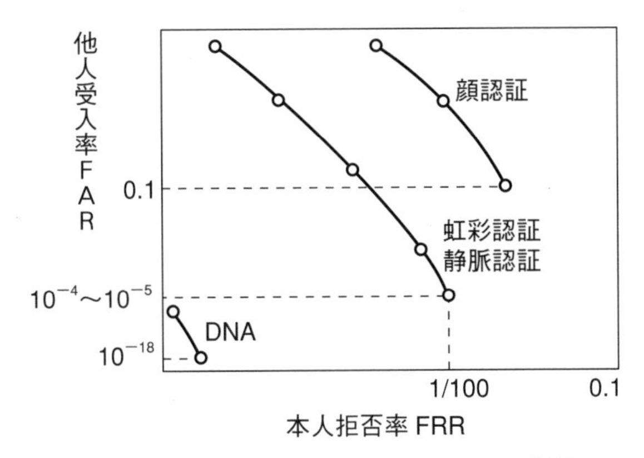

図 4.9　ROC 曲線による FRR と FAR の関係

参考文献

[1]　㈳日本自動認識システム協会編：『これでわかったバイオメトリクス』，オーム社，2001.

[2]　一般社団法人映像情報メディア学会編，半谷精一郎編著：『バイオメトリクス教科書』，コロナ社，2012.

[3]　瀬戸洋一編著：『ユビキタス時代のバイオメトリクスセキュリティ』，日本工業出版社，2003.

[4]　瀬戸洋一著：『バイオメトリックセキュリティ入門』，ソフト・リサーチ・センター，2004.

[5]　勝又裕：「公開講座　バイオメトリックス（生体認証）」，東京情報大学，2007.

第5章 ネットワーク攻撃と防御

5.1 マクロによる攻撃(BOT)

5.1.1 マルウェアの埋め込み

BOTとは，もともとロボット(robot)の意味合いから派生したもので，ロボットのように相手のPCやサーバを操れることに因む．不正利用すれば，悪意のあるプログラム(マルウェア)となる一方で，PCやサーバの利用者が操作に困り，ヘルプデスクなどで，相手のPCやサーバの操作画面を見ながら問合せに応じると，短い時間で利用者の問題を解決できる．後述するが，APT攻撃の初期ツールとして用いられ，相手のPCやサーバを完全に乗っ取るために，よく使用される．

Wordに標準装備されているデバッガーツールを用いて，Wordのファイルに，容易にマクロ(本来のマクロの意味合いは，命令を組み合わせて，新しい命令をつくり出す機能をいう)を忍ばせることができる．**図5.1**は，Wordを最初に開いたときに実行するスタートアップモジュールのAutoHyphenationに，BOTのウイルスservervirus.exeが埋め込まれた例である．

この例では，「提案書」名で，Wordのファイルとして，攻撃先にメールの添付ファイルで送信される．メールのプロトコルはSMTPで，任意の第三者であっても，相手を確認せずに受信する．受信したのみでは，ウイルスに感染しないが，「提案書.doc」のファイルを開くと，Wordのスタートアップモジュールが起動して，その中に埋め込まれたマクロを実行し，BOTのウイルスに感染する．基本的には，知らない人からのメールは受信しないことで，もし

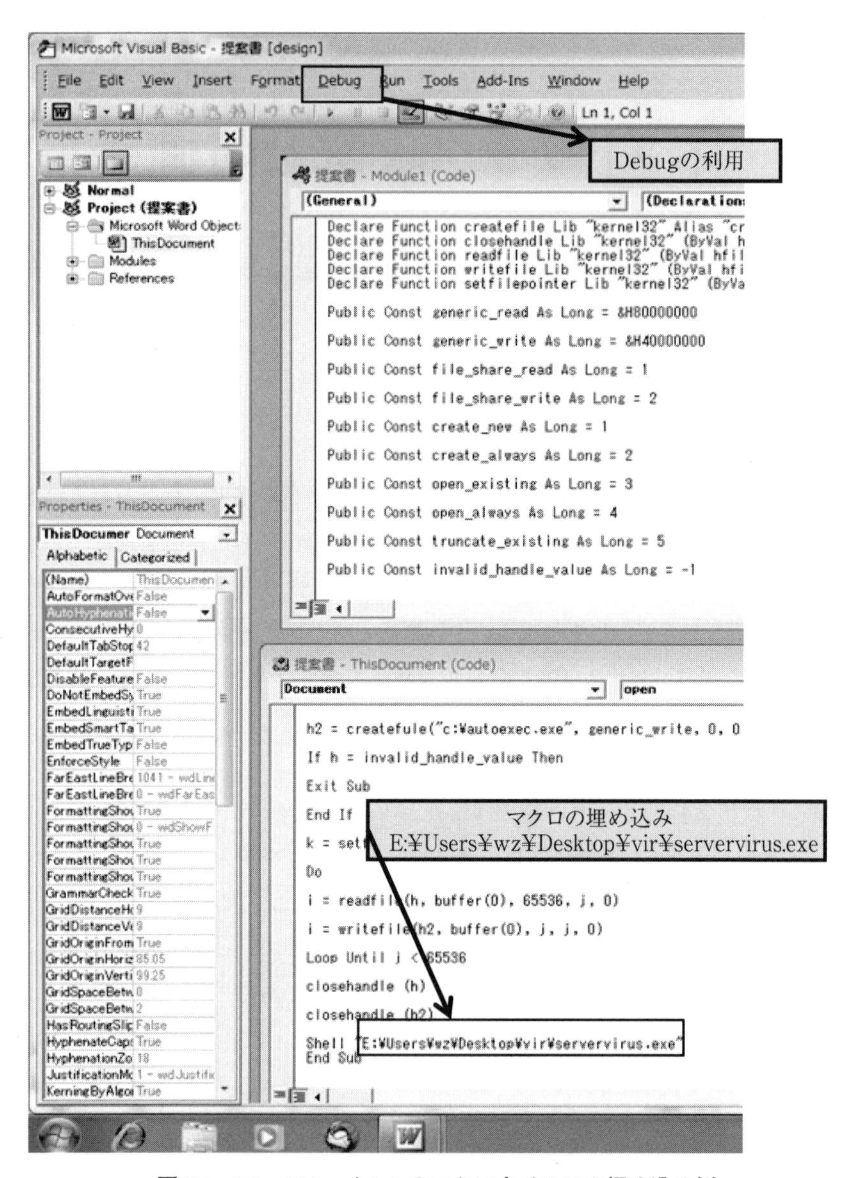

図 5.1　Word ファイルへのマクロウイルスの埋め込み例

も受信した場合には，添付ファイルを決して開いてはならない．世の中にウイルスの名前が知れ渡っていると，ウイルスチェッカーによって検出され駆除できるが，特定の相手を狙ったものであれば，ウイルスの実行ファイル名を変更し，新種のウイルスやゼロデイ攻撃を仕掛けてくる．たとえ感染しても，攻撃されている側にはわかりづらいという特徴がある．

5.1.2　不正ログの検出

そのうえ，ウイルスに感染していることは，ログとしての報告はないが，PC やサーバのメモリー上に実行中のタスクとして展開され，Windows タスクマネージャーで可視化できる．**図 5.2** に示すように，許可されていないプログラムが，実行されている様子を検出できる．これを監視ツールで捉え，時系列的に記録すると，実行中のログとなり，このログを解析することによって許可されていないプログラムの実行を検出できる．

図 5.3 に示すように Windows の機能として，実行中のプログラムの記録を

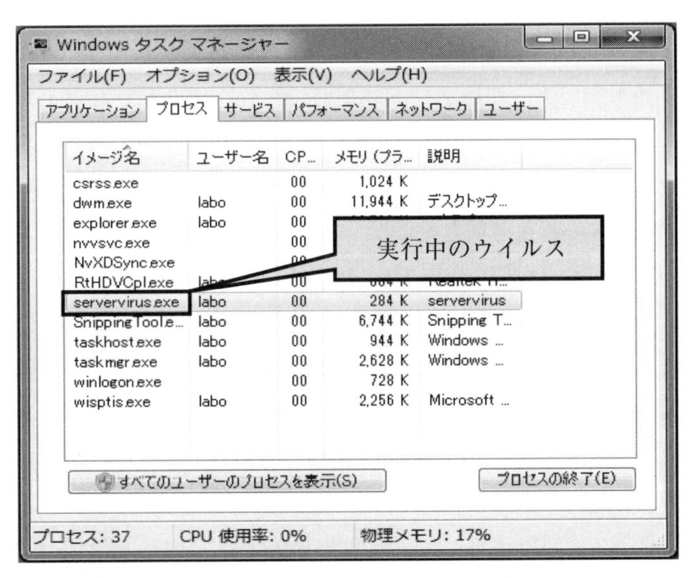

図 5.2　メモリー上に検出されたウイルスプログラム

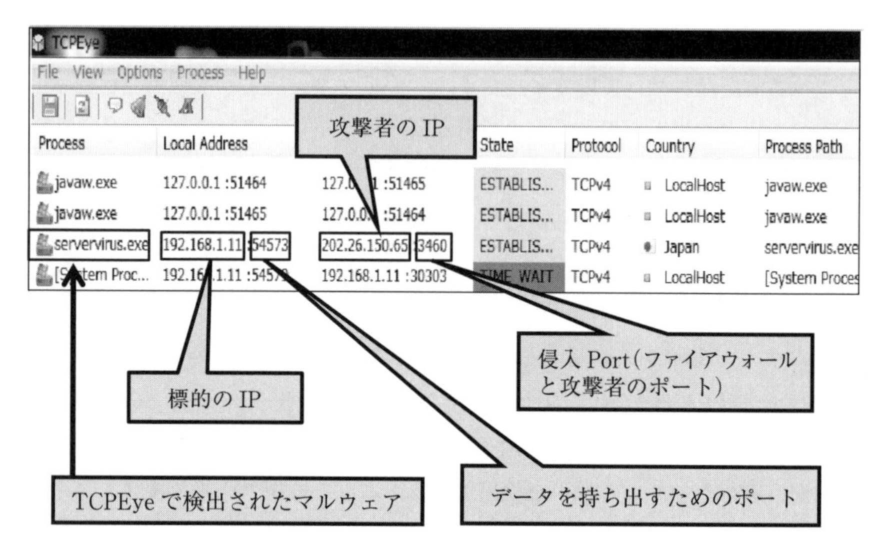

図 5.3　標的となった PC の TCPEye のログ

ログとして取得する機能はないが，TCPEye などの外部との通信を監視するツールを用いると，標的となっている標的者の IP アドレス(192.168.1.11)，使用ポート番号(3460)，使用プロトコル(TCPv4)，プログラムがインストールされたフォルダー上の場所(C:¥Program Files¥Internet ～)が明確となる．TCPEye は PC やサーバのメモリーから掃き出されたログをダイナミックに解析し，ウイルスの所在を突き止める．突き止めたウイルスをパージすれば，ウイルスの駆除に役立つ．

このようにウイルスを駆除する考え方もあるが，一方，侵入するには，攻撃目標となる標的の IP アドレスが知りうる状態でないと，攻撃が容易ではない．また，攻撃者は，侵入ポート(ポートとは PC やサーバに出入りする情報の出入り口に付与された論理的な番号)を使用している．これは，家の玄関，勝手口，裏木戸が開いていると泥棒が入るのと，同じ原理である．

また，ネットワークを介して，標的者と交信するには，プロトコル(通信手順)が必要であり，これにも制限を加える必要がある．仮に，これらの制限を加えていたならば，添付ファイルをクリックしたのみで，ウイルスに感染しても，外部者からPCの乗っ取りや，重要な機密が保管されているファイルの持出しは容易ではない．PCおよびサーバの利用者の責任のみが主張されているが，ネットワーク管理者も一緒になって，対策を考える必要がある．

5.1.3　メール添付による初期攻撃

BOTのプログラムを作成したのみでは，標的者のPCを乗っ取ることはできない．そこで，攻撃者は気づかれないように標的者のPCにマルウェアを送り込んで，マルウェアを埋め込んだプログラムを実行させる．その一つの方法として，一般者が大勢立ち寄るWebサイトにアップロードして，プログラムを実行させることを試みる．2ちゃんねる，掲示板，風俗のサイト，フォーラム，その他がある．企業や官公庁，地方自治体の管理者は，その対策としてサイトのブラックリストを作成し，許可されないWebサイトへのアクセスを禁止する．また，利用者も，クリックしたファイルが実行ファイル(拡張子は.exe)か，マルウェアの仕込まれていないファイル(ファイルのアイコンと拡張子の.docx，.xlsx，.pdf)か否かを確認する．

Webサイトにアクセスする場合に一般者が注意すべき事柄であるが，攻撃者はメール添付ファイルで執拗に攻撃する(**図5.4**)．メールの中身は，仲間や，職務に関係した一般者を装い，添付したメールを開かざるを得ない状況に標的者を陥れる．したがって，基本的には，知らないメールの添付ファイルは開かないことを組織内でルール化する必要がある．

2015年5月に判明した日本年金機構の125万件の年金情報の流出は，九州の日本年金機構の出張所の所員が，受領したメールに対応するため，問合せのメールを開き，年金事務所の所員のPCが乗っ取られたことによる．

その対策としては，メールの差出人が，Gmail，Yahoo!メール，Hotmailなどのフリーメールを使用していないかを確認する必要がある．**図5.5**は，大学院の入試を偽装したメールである．なお，フリーメールは，差出人のアドレスを偽装できることにも，注意が必要である．

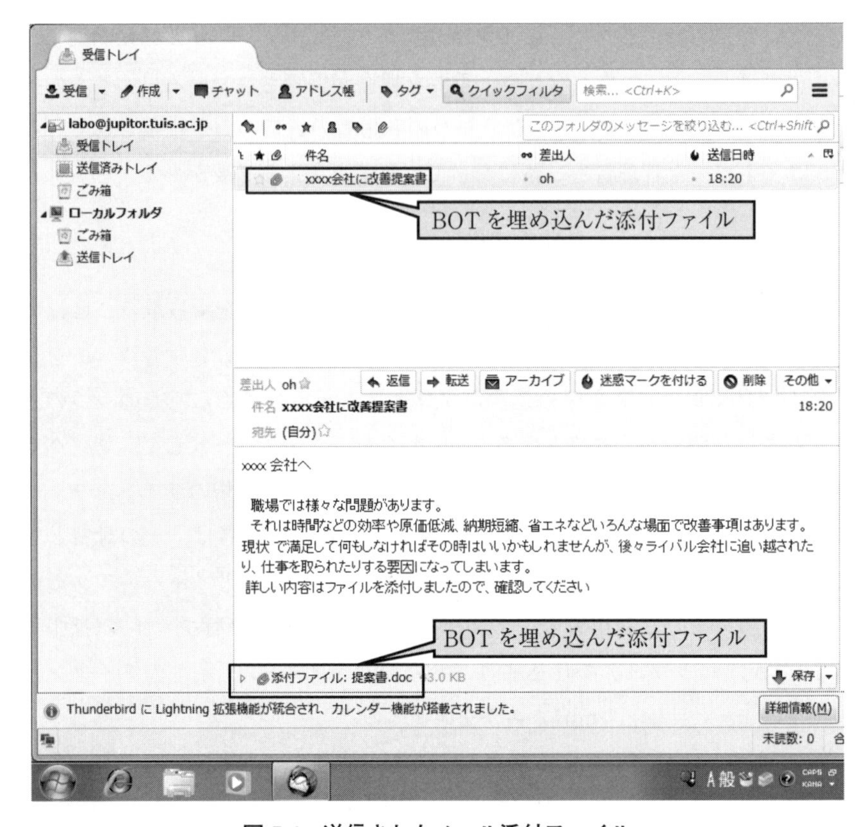

図 5.4　送信されたメール添付ファイル

なお，日本年金機構に送られてきたメールには，日本で使用されていない，中国語特有の漢字が含まれていた．

5.1.4　送付されたメールの確認事項

メールによる乗っ取りを防ぐための確認事項をまとめると以下のとおりである．

①　**フリーメールに注意**

Gmail，Yahoo!メール，Hotmail などのフリーメールは基本的には開かない．

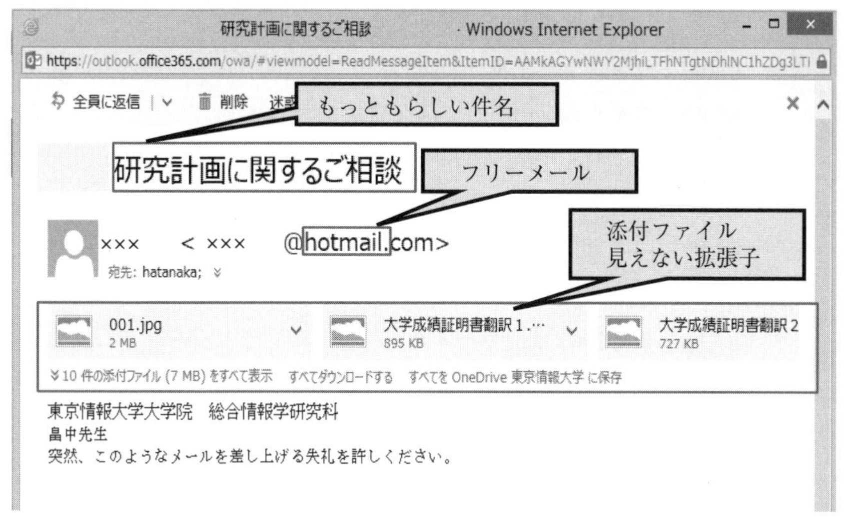

図 5.5　不審メールの例

②　送信元の確認

知らない人からのメールは基本的には開かない．

③　添付ファイルのアイコンおよび拡張子の確認

ファイルの拡張子を表示し，添付ファイルのアイコンと拡張子を確認する．参考までにどのようなファイルに注意すればよいかその例を以下に示す．

比較的安全なファイル

.pdf　PDF ファイル
.xlsx　Excel ファイル
.docx　Word ファイル

懸念のあるファイル(注意を要する)

.CMD　Windows バッチファイル
.COM　DOS 実行ファイル
.HTA　HTML アプリケーションファイル

.JS　JAVAスクリプトファイル
.LNK　リンクファイル
.SCR　スクリーンセーバースクリプト
.CHM　コンパイル済みヘルプファイル
.CPL　コントロールパネルファイル
.HLP　ヘルプファイル
.BAT　DOSバッチファイル
.EXE　Windows実行ファイル
.PIF　DOSショートカットファイル
.SWF　フラッシュファイル
.VBS　VBSスクリプトファイル

④　もっともらしい件名に注意

- 件名のないもの
- 心当たりのないメールは避ける
  —お問合せについて
  —お会いした件について
- その他

⑤　本文に中国語の漢字が混在

⑥　テキストファイルで受信

不審なメールはHTML形式ではなく，すべてテキストファイル形式に落として，受信することが望ましい．相手が確認できるなら，HTML形式で受信してもよい．

上記以外にも，マクロが埋め込まれたファイルを受信したり，入手したりする場合がある．その場合は，開かないことが得策である．なお，Wordなどにマクロが仕込まれているかについては，セキュリティの警告として，「マクロが無効化されました」の表示と同時に，「コンテンツの有効化」が表示されるので，決して有効化しないことが重要である(**図5.6**)．

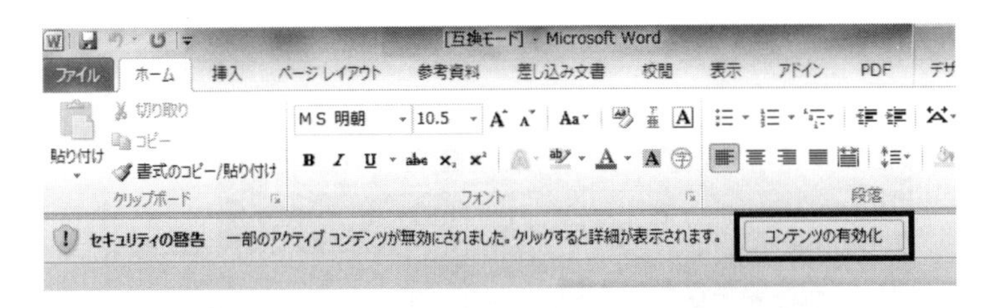

図 5.6　Word での「コンテンツの有効化」の表示

5.2　パスワードクラッカー

5.2.1　利用可能なプロトコルの確認

標的となる PC やサーバへの侵入は，標的者のパスワードのハッキングが，初期攻撃として行われる．前節の BOT による方法でも，標的となる PC やサーバの画面を表示させ，標的者の操作を盗み見て，パスワードをハッキングする方法がある．ここでは，辞書や総当り攻撃によるパスワードハッキングの手順を紹介する．

標的となる PC の侵入方法を模索し，標的者の脆弱性を調査することから，開始する．例えば，Telnet(コマンドの利用可能なプロトコル)や SSH(暗号化された Telnet)が使用可能か，使用可能であれば，標的者が使用している SSH のバージョンを調査する．Ver. 4.4 であればバージョンが古く，脆弱性をもつことが判明する．米国法人ソニー・ネットワークエンタテインメントのプレイステーション 3 のサービスサイトのキュリオシティを攻撃したハッカー集団「アノニマス」の攻撃は，SSH の Ver. 4.4 の脆弱性を突いて侵入を試みた[3]．

図 5.7 は，標的者のサーバの使用可能なプロトコルを調査している画面で，標的者の利用可能なプロトコルが表示されている．使用しないのであれば，制限を加えておくべきで，画面では SSH や Telnet が利用可能な状態(すなわち，open)となっている．Telnet はコマンドレベルのプロトコルで，これにはファイルのコピーはもちろん，削除など，コンピュータに対して，すべての命令を与えることが可能である．通常は，サーバのリモート保守で使われることが多

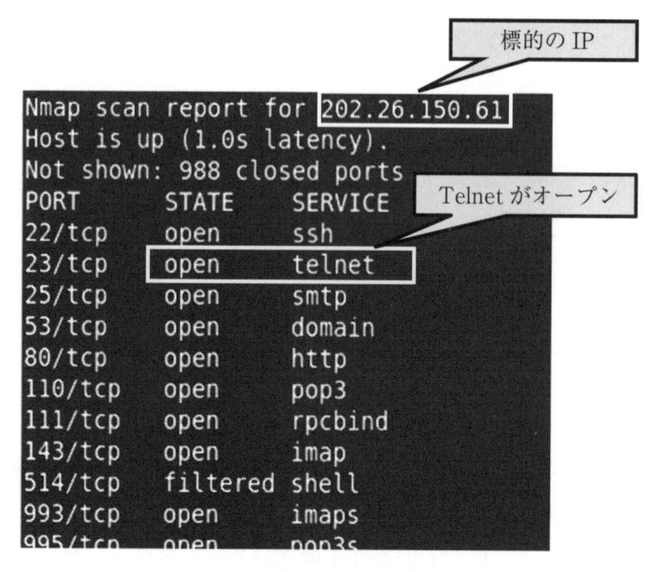

図 5.7　利用可能なプロトコルの調査

く，制限を加えずに利用可能となっている場合が多い．制限を加え，作業を行うときのみ，利用可能とすることが賢明である．

本例は，Telnet を open にしていると，どのような影響があるかの好例である．

5.2.2　辞書攻撃と総当り攻撃

次に攻撃者は，Telnet を用いて，標的者のサーバのパスワードのハッキングを試みる．現在はサイトを閉鎖しているとのことであるが，パスワードクラッカー用のツールを販売その他で入手する．なお，使用は公的使用のみ許可する旨，注意を掲示している．

図 5.8 は，攻撃者のサーバのコンソール画面を示したもので，パスワードクラッカーのツール名は「hydra.exe」，パスワードクラック用の辞書ファイルは「pdcracker.txt」である．

辞書ファイルには，標的となるサーバのパスワードの候補となる 8 桁の文

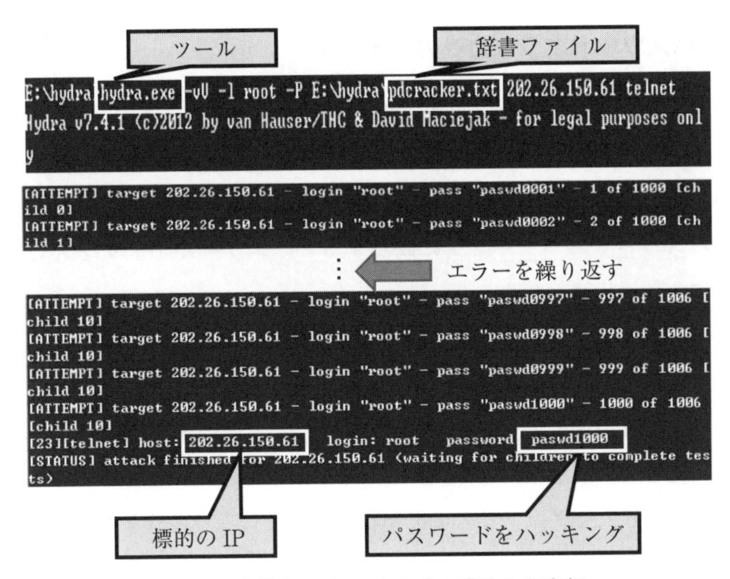

図 5.8　攻撃者のサーバでプログラムを実行

字列が格納されている．使用した辞書は，「passwd0001」から「passwd9999」である．本例は実験結果であるが，パスワードとして可能性があるものを網羅して格納しておくと，パスワードのハッキングが容易である．辞書の中に 8 桁のすべての組合せを入れることも可能で，8 桁の文字の組合せをプログラムで発生させ，総当り攻撃を行うことも可能である．

標的者のサーバの IP は「202.26.150.61」で，使用プロトコルは「telnet」，辞書は「pdcracker.txt」，標的者の ID はスーパー特権の「root」である．

攻撃者がパスワードのハッキングに成功すると，標的者の ID が root であることから，サーバのすべての権限を奪うこととなる．一方で，標的者は，自己が保有するサーバであるにもかかわらず，パスワードを変更されると使用できなくなる．攻撃者のサーバの乗っ取りが可能となる．

攻撃者のコンソール画面上で，エラーを繰り返すが，パスワードのハッキングが成功すると，標的者のサーバのパスワードがプロンプトして表示される．

5.2.3　パスワードクラッカーの検出

一方，攻撃の的となった標的者のサーバ上のログインログは，不正ログインのあったことを表示し，エラー(error)を継続して表示している(**図 5.9**).

本例では，4桁のパスワードをハッキングするのに，30分を要している．攻撃者がパスワードのハッキングに成功すると，エラー(error)の表示はなくなり，通常の表示状態となる.

大企業の多くは，ログ解析のツールによって不正アクセスを検出し，ツールがシステム管理者宛にメールなどで発報する.

しかし，筆者が企業を訪問して感じたことは，中小企業を含めると，ログの点検を実施している企業は10%から20%ぐらいである．ログを定期的に点検することは，膨大なダンプリストを解析することになり，従業者の要員の少ないなかでは大きな負荷となっている．ログはいろいろな情報をもち，不正アクセスの有無を検出する有効な方法であることから，SkySee や LanScope Cat などの市販ツールを導入し，ログの監視を行うことが重要である.

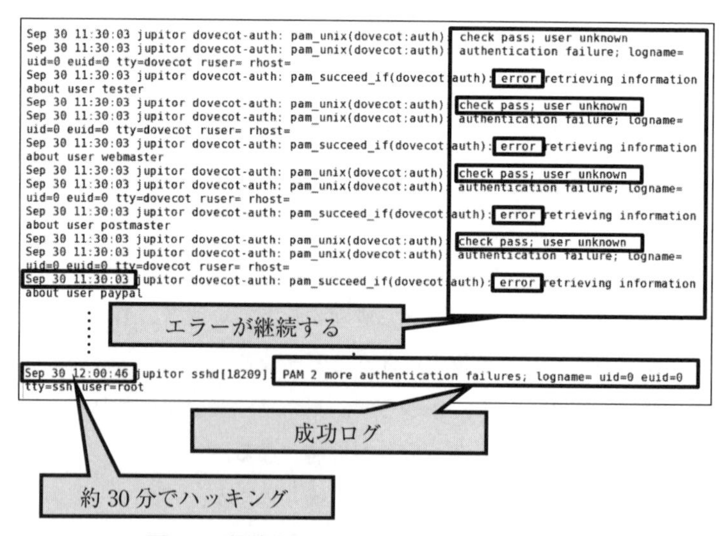

図 5.9　標的となったサーバのログインログ

5.2.4　パスワードクラッカーへの対策

コントロールパネルの管理ツールの中にパスワードの長さと，パスワードを変更する期間を設定する画面がある．8桁以上，6カ月更新が一般的で，パスワードの変更後，一定期間を過ぎると，システムのほうから，通知する仕組みがある．Windows 2008や2013のサーバを使用しているユーザーは，権限設定やグループ設定を行う，管理者用のActive Directoryを用いて，パスワードの長さと，更新サイクルを設定することができる(**図5.10**)．設定しておくと，時間が経過すると，傘下のPCに，パスワードの強制再設定がかかり，期限を迎えると，パスワード変更の通知が，各端末にいくようになっている．

これ以外に，本例に示すように，パスワードのハッキングが1回ですり抜けることは，確率的に小さいことから，パスワード入力において何回まで入力ミスを許すかの設定「アカウントロックアウトのしきい値」を行うことが，非常

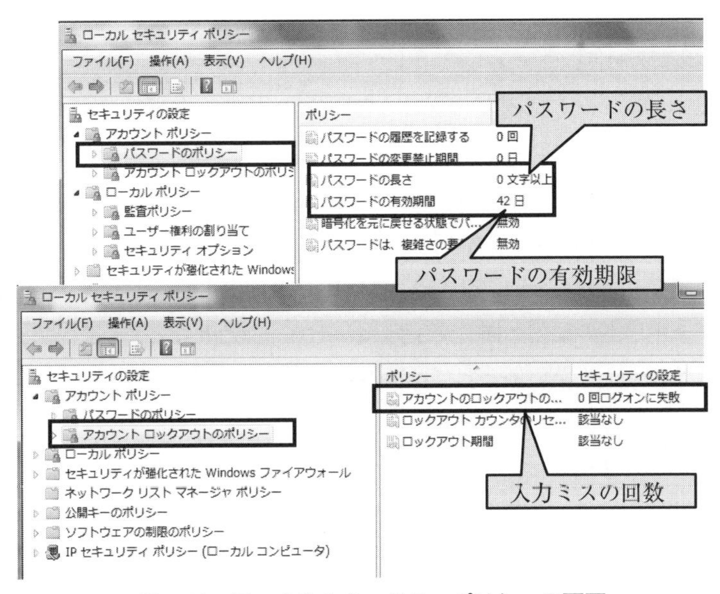

図5.10　ローカルセキュリティポリシーの画面

に重要である（**図5.10**）．

通常は10回ぐらいが妥当と考える．逆に，3回と少ない回数であると，パスワードを忘れるリスクがあり，インターネットなどで端末がハングアップするなどして，慌ててヘルプデスクに電話し，忘れたパスワードの初期化を依頼することがある．結局のところ，入力ミスの回数はこれといって良い方法はなく，利用者各自のセンスによる．

パスワードそのものも，時間をかければ，すべてハッキング可能である．逆に，3カ月や6カ月かけないとハッキングできないパスワードは，良いパスワードといえる．

良いパスワード，悪いパスワードの例は以下のとおりである．

【良いパスワード】

- 8桁以上（6桁を超えると覚えにくくなる）
- 英数字，特殊文字を混ぜる
- 容易に推測されない
- その他

【悪いパスワード】

- 短いパスワード（8文字未満のもの）
- 英字だけのもの，数字だけのもの
- 当人の関連情報（名前，電話番号，誕生日など）
- ユーザーIDと同一のもの
- 単純な文字列（aaaaa，abcde，11111，12345など）
- キーボードの配列と同じ文字列（qwerty，asdfghなど）

それ以外にもよくない例としては次のものがある．

- 使い回しのIDとパスワード
- 共有パスワード
- 紙媒体や電子ファイル上にパスワードを記載

5.3 SQL インジェクション

SQL インジェクション攻撃とは，データベースが攻撃の対象で，Web 画面の入力情報に関する脆弱性を突いて，データベースの中身が漏えいし，データベースの保有者や管理者側に被害が生じる(**図 5.11**).

5.3.1 SQL インジェクションの脅威

2011 年に起きたソニーの米国法人のソニー・ネットワークエンタテインメントのプレイステーション 3 の会員サービスサイトのキュリオシティから会員情報 7,000 万人分の情報が漏えいした事件は，ハッカー集団「アノニマス」が SQL インジェクションの脆弱性を突いて攻撃したものといわれている[3].

SQL インジェクション攻撃の例を以下に説明する.

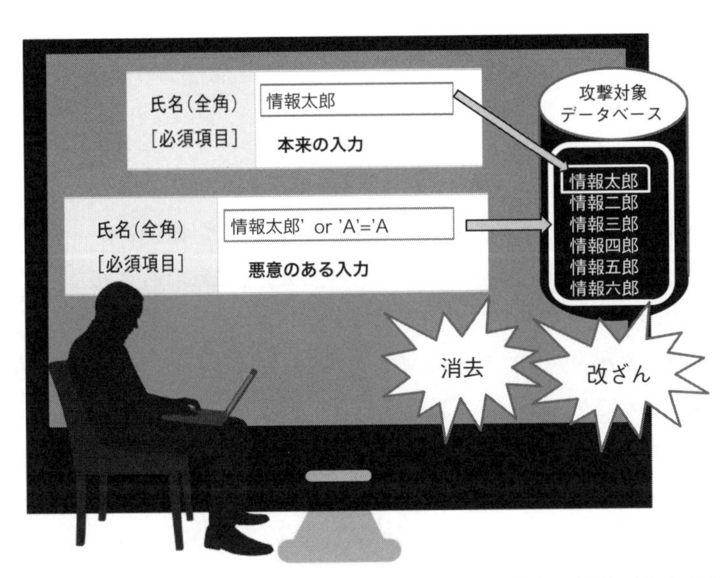

図 5.11　データベースへアクセスする SQL 文に不正なスクリプトを入力

例１：データベースの全出力[1]

テーブル名 user から，id が $ID である，個人情報を選択して出力する．

【本来の入力】

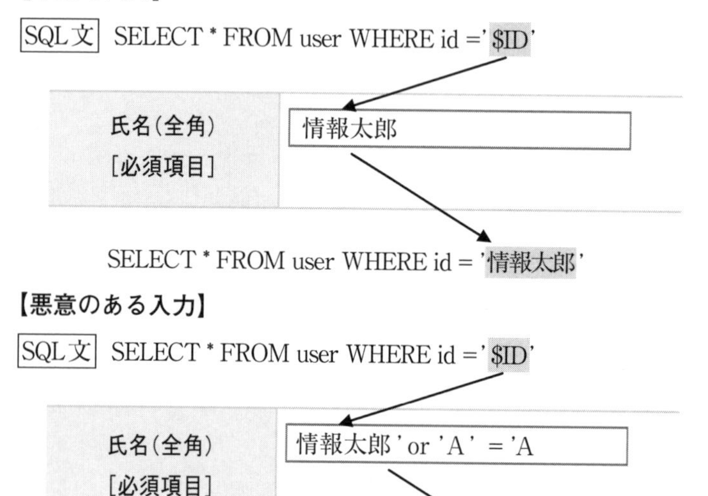
SQL文 SELECT * FROM user WHERE id =' $ID'
氏名（全角）
［必須項目］
情報太郎
SELECT * FROM user WHERE id = '情報太郎'
【悪意のある入力】
SQL文 SELECT * FROM user WHERE id =' $ID'
氏名（全角）
［必須項目］
情報太郎 ' or 'A' = 'A

SELECT * FROM user WHERE id = '情報太郎' or 'A'= 'A'

一般的にデータベースにアクセスするには，SQL 言語を用いて行われる．そのため，事件の原因はソニーの責任のみでなく，SQL 言語そのものの脆弱性にもある．**例１**の【本来の入力】に示すように，本来，Web ページの入力画面では，氏名「情報太郎」のみを入力するが，【悪意のある入力】に示すように悪意のあるスクリプトの入力「情報太郎' or 'A' = 'A」があると，Web サーバのデータベースシステムは，データベースに与えられた命令の一部と判断し，意図しないデータベース処理を行う．ここで，「情報太郎' or 'A' = 'A」という入力は，SQL 文で「情報太郎，あるいはすべての個人情報を選択して出力せよ」との意味になる．そのため，データベースに記憶された，すべての個人情報を出力する．それ以外にも，データベースそのものを消去されたり，改ざんされたりする．

例2：パスワードの無効化[2]

テーブル名userから，パスワードが合えば，idが$IDである，個人情報を選択して出力せよ．

【悪意のある入力】

SQL文　SELECT * FROM user WHERE id ='$ID' AND pass = '$pssh'
氏名（全角）
情報太郎' --
パスワード
#%&0134a
SELECT * FROM user WHERE id ='情報太郎--' AND pass ='#%&0134a'

また，**例2**では，Web画面の氏名の欄に「情報太郎' --」と入力し，パスワードの欄に「#%&0134a」と入力すると，後方に続くパスワードは無視してよいことを意味し，パスワードなしで該当する個人名の情報が出力されることになる．「情報太郎」の後方の「--」(ハイフンの繰り返し)の入力が，パスワードの無効化を意味する．

このように直接，悪意のある者によってデータベースが操作されると，機密情報や個人情報の漏えいが発生する．会員情報のなかには，サービスを提供するためのIDとパスワード，クレジットカード情報，商品購入の履歴，本人の資産状況や負債など，本人のプロフィールに関する情報が含まれる場合がある．そのため，個人情報が漏えいすると，当該企業が社会的責任を問われる場合が少なくない．

以上は，直接的な被害である．データベースの改ざんや破壊が容易であると，攻撃者にとって都合の良い情報やウイルスがWebサイトに埋め込まれる恐れがある[1]．

SQLインジェクションの脆弱性による脅威としては次のものがある[2]．

- データベースに蓄積された非公開情報の閲覧
  個人情報の漏えい等
- データベースに蓄積された情報の改ざん，消去
  ウェブページの改ざん，パスワード変更，システム停止等
- 認証回避による不正ログイン
  ログインした利用者に許可されている全ての操作を不正に行われる
- ストアドプロシージャ等を利用したOSコマンドの実行
  システムの乗っ取り，他への攻撃の踏み台としての悪用等

出典）独立行政法人 情報処理推進機構 技術本部 セキュリティセンター：「安全なウェブサイトの作り方 改訂第7版」，情報処理推進機構，2015年3月，2015，p. 6.

5.3.2 エスケープ処理

SQLインジェクションの脆弱性は，Webサーバを経由してデータベースにアクセスするための脆弱性を突いた攻撃が発生する．Web画面で，文字列の入力はあるが，データベースへのアクセスがない場合は，例えばCGI-BINでは，SQLインジェクション攻撃は発生しない．なお，SQLとは略語ではなく，IBM社が開発したリレーショナルデータベース管理システム(RDBMS)のデータベース言語に由来し，データの操作や定義を行うための言語である．

データベースへのアクセスは，このSQLを介して行われるため，Webサーバのデータベースシステムに，SQL文にして引き渡すために，入力された文字列と，SQL文のスケルトン(ひな形)とを結合する必要がある．

不正な文字列を，SQL文のスケルトン(ひな形)と結合してSQL文を生成する．前述の**例1**ではデータベースの中身をすべて掃き出すことになり，**例2**ではパスワードが一致しなくても該当者の情報を掃き出すことになる．

対策としては，逆に，Webアプリケーションで，直接，文字列連結処理することを選択しなければ，SQLインジェクション攻撃をするための条件が成

立しない.

対策 1：SQL 文をプレースホルダで組み立てる [2]

SQL 文のひな形の変数を示す位置に，記号(プレースホルダ)を埋め込み，記号に入力された情報を機械的な処理で割り当てる.

対策 2：データベースのエンジン API を用いてエスケープ処理を行う [2]

文字列の文字連結により SQL 文を組み立てる場合で，SQL 文中で可変となる値をリテラル(定数)の形で埋め込むが，文字リテラル内で特別な意味をもつ記号文字をエスケープ処理する．例えば，次のとおりである.

- 「'」→「''」
- 「¥」→「¥¥」

5.4 クロスサイトスクリプティング(XSS)

クロスサイトスクリプティング(XSS)攻撃とは，Web 画面の出力情報に関する脆弱性を突いたもので，被害が Web 画面の利用者に及ぶ.

5.4.1 クロスサイトスクリプティング(XSS)の脅威

例えばネットバンキングで「振込実行」のボタンをクリックすると利用者が入力したものを確認する画面が出力される(**図 5.12**)．出力側の Web ページのエスケープ処理が未実施であると，出力側の Web ページにスクリプトが埋め込まれる．その結果，偽の Web ページに誘導されたり，ブラウザに保存している Cookie が悪意のある者に取得される.

Web アプリケーションのなかには，利用者を識別するためにセッション ID を発行し，セッション管理を行うものがある．格納された Cookie のセッション ID を盗み取り，その利用者になりすますという，セッション・ハイジャックが行われる．逆に，セッション ID を送り込み，セッション ID の固定化攻撃を仕掛けられることもある.

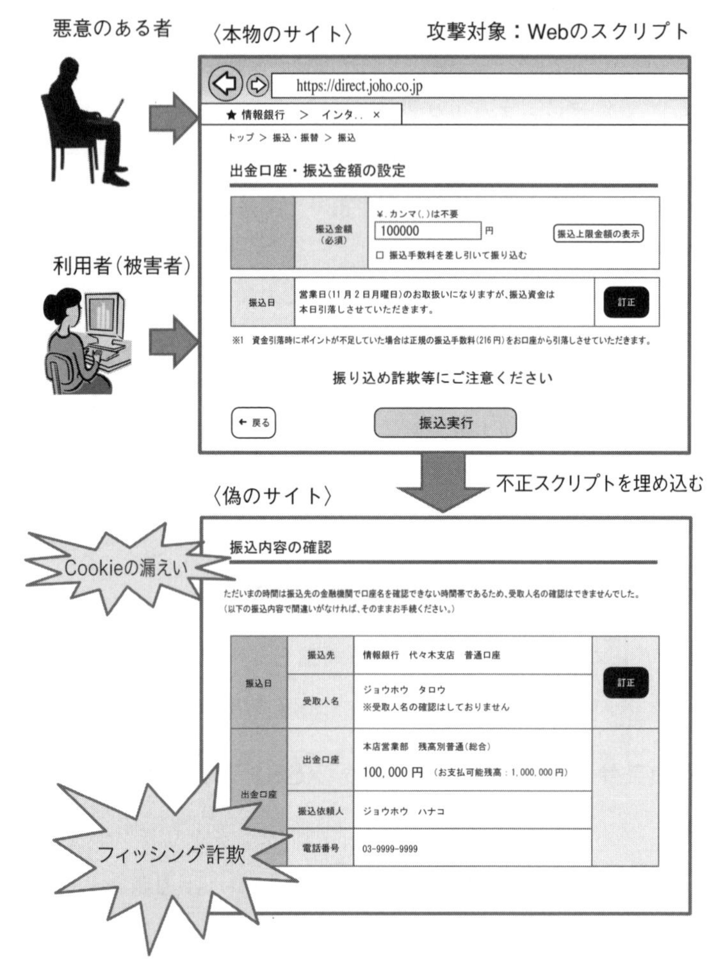

図 5.12　出力画面への不正スクリプトの埋め込み

一方で，利用者側の問題もある．悪意のある者の攻撃のパターンは，まず最初に，本物のサイトに見せかけた偽サイトに罠を仕掛け，このサイトに利用者を誘導する．次に，利用者の入力情報を窃取し，本物のサイトの出力側のWebページにスクリプトを埋め込む．偽のサイトに誘導された利用者がフィッシング詐欺などの被害を受ける．

ここで，スクリプトとは，機械言語や，実行形式のオブジェクトに変更することなく，ソースコードを記述するだけで，即座に実行できるプログラムのことで，例えばPerl言語など，他のスクリプト言語でも同様な攻撃を成立させる．スクリプト言語の脆弱性は，文字列の文字結合をとおして，スクリプトの命令や文を容易に生成できることにある．プログラムの記述は自然言語に近いが，攻撃されやすい脆弱性をもつ．この脆弱性をなくすことは，現在のところ容易ではない．

したがって，Webサイトの制作者や運営管理者は，スクリプト言語の脆弱性をよく理解して，Webの制作や運営管理することが重要である．

XSSによる脅威としては次のものがある[2]．

- 本物サイト上に偽のページが表示される
  —偽情報の流布による混乱
  —フィッシング詐欺による重要情報の漏えい 等
- ブラウザが保存しているCookieを取得される
  —Cookieにセッション IDが格納されている場合，さらに利用者へのなりすましにつながる
  —Cookieに個人情報等が格納されている場合，その情報が漏えいする
- 任意のCookieをブラウザに保存させられる
  —セッション IDが利用者に送り込まれ，「セッション IDの固定化」攻撃に悪用される

出典)　独立行政法人 情報処理推進機構 技術本部 セキュリティセンター：「安全なウェブサイトの作り方 改訂第7版」，情報処理推進機構，2015年3月，2015，pp. 21-22.

また，この脆弱性が生じやすいページの機能の例としては次のものがある．

- 入力内容を確認させる表示画面(会員登録，アンケート等)
- 誤入力時の再入力を要求する画面で，前の入力内容を表示するとき
- 検索結果の表示
- エラー表示
- コメントの反映(ブログ，掲示板等) 等

出典) 独立行政法人 情報処理推進機構 技術本部 セキュリティセンター：「安全なウェブサイトの作り方 改訂第 7 版」，情報処理推進機構，2015 年 3 月，2015，p. 22.

5.4.2　エスケープ処理

エスケープ処理の例 [2]

Web ページに出力するすべての要素に対して，エスケープ処理を行う．

① URL を出力する場合は，http:// や https で始まる URL のみ許可する(ホワイトリスト方式)

② <script>…</script> 要素の内容を動的に生成しない．

③ スタイルシートを任意のサイトから取り込まない．

④ 入力値の内容チェックを行う．

⑤ 入力された HTML テキストか構文解析木を作成し，スクリプトを含まない要素のみを抽出する．

⑥ 入力された HTML テキストから，スクリプトに該当する文字列を排除する．

⑦ HTTP レスポンスヘッダの Content-Type フィールドに文字コードを指定する．

出典) 独立行政法人 情報処理推進機構 技術本部 セキュリティセンター：「安全なウェブサイトの作り方 改訂第 7 版」，情報処理推進機構，2015 年 3 月，2015，pp. 24-26.

エスケープ処理には，利用者の入力内容とHTTPヘッダーの情報を入力画面のWebページから，出力側のWebページに引き渡す処理の際に，入力された文字列を，テキストとして出力することによって無害化する方法がある．その方法には，独自にエスケープ処理関数を作成する方法と，CGIモジュールのescapeHTML()を利用する方法がある．

なお，以下では情報処理推進機構が発行する「安全なウェブサイトの作り方 改訂第7版」[2]を引用して解説する．

対策1：CGIモジュールのescapeHTML()を用いる方法[2]

escapeHTML()では，次のSQL文やHTMLで特別な意味をもつ文字を，無害な次の処理結果を返す．

対象文字	処理結果
&	&
<	<
>	>
"	"
'	'

```
use CGI qw/:standard/;
$keyword = param('keyword');
...
print "<input ... value=¥"". escapeHTML ($keyword)."¥"...";
print "「". escapeHTML ($keyword)."」の検索結果 ...";
```

対策2：独自に作成したエスケープ処理関数を使用する方法[2]

```
print "<input ... value=¥"".&myEscapeHTML ($keyword)."¥"...";
print "「".&myEscapeHTML ($keyword)."」の検索結果 ...";
```

```
…
# 独自に作成したエスケープ処理関数 myEscapeHTML
sub myEscapeHTML($){
     my $str = $_[0];
    $str =~ s/&/&amp;/g;
    $str =~ s/</&lt;/g;
    $str =~ s/>/&gt;/g;
    $str =~ s/"/&quot;/g;
    $str =~ s/'/&#39;/g;
}
```

上記の**対策1**は，CGIモジュールに組み込まれた関数を用いる方法を示し，**対策2**は，独自に作成したエスケープ処理関数をサブルーティン化して，親プグラムに組み込む方法を示した．いずれも数ステップで処理が完了する．

また，仮に，先頭で文字タイプの指定が省略されていると，攻撃者が特定の文字コードをブラウザで選択させ，スクリプトのタグとなる文字列を，出力側のWebページに埋め込むことが可能となる．違う文字タイプでは，テキストにして無害化した処理が，スクリプトとして有効になり，XSS攻撃の条件を成立させる．HTMLの先頭で「Content-Type: text/html; charaset=UTF-8」のように指定する．

XSS攻撃の条件を成立させないためには，エスケープ処理と先頭ページでの文字コードの指定が必須である．

エスケープ処理されていない例[2]

```
use CGI qw/:standard/;
$keyword = param('keyword');
```

```
...
print ... <input name="keyword" type="text" value="$keyword">
...「$keyword」の検索結果 ...
```

```
HTTP/1.1 200 OK
...
Content-Type: text/html
            ①　HTTP レスポンスヘッダに文字コードの指定がない
<HTML>
<HEAD>
<META http-equiv="Content-Type" content="text/html" >
            ②　HTML の META 宣言にも文字コードの指定がない
```

上記の例は，HTML のヘッダー部分が空白で，文字コードの指定がなく，HTML の最終行の META 宣言文に，同様に文字コードの指定がない．特殊な文字を無害化したにもかかわらず，このような場合，攻撃者が特定の文字コードをブラウザで選択させ，スクリプトのタグとなる文字列を，再び出力側の Web ページに埋め込むことが可能となる．

エスケープ処理されている例[2]

```
use CGI qw/:standard/;
$keyword = param('keyword');
...
print "<input ... value=¥"".escapeHTML ($keyword)."¥"...";
print "「".escapeHTML ($keyword)."」の検索結果 ...";
```

悪い例では，$keywordの入力変数にエスケープ処理がなく，良い例では，入力部にCGIのescapeHTML($keyword)関数を用いて，エスケープ処理を実施している．

参考文献

[1] 谷口隼祐：「SQLインジェクション対策について」，情報処理推進機構，2008.
https://www.ipa.go.jp/files/000024396.pdf

[2] 独立行政法人 情報処理推進機構 技術本部 セキュリティセンター：「安全なウェブサイトの作り方 改訂第7版」，情報処理推進機構，2015年3月，2015.

[3] New York Times: “Hacker Group Claims Responsibility for New Sony Break-In,” *New York Times*, Jun 2, 2011.

第6章

標的型サイバー攻撃

6.1　機密情報の In 管理と Out 管理

クレジット会社の与信管理の執務室では，クレジット申込書を保管する書庫を設け，書庫に入退出する本人を確認するために，生体認証装置が設置されている．書庫の中では監視カメラが作動し，書庫に入った人間の行動を監視している．また，書庫への入退出の際は生体認証装置のログが取得され，ログの解析が行われ，不審者の判定が行われる．不審者を検知すると，警報を発するあるいは警告メールが管理者に行く仕組みとなっている．仮に書類を持ち出せたとしても，執務室の外側には，持物検査をする担当者がいて，会社の外側に持ち出すことは容易ではない．

一方，情報システムでは，**図 6.1** に示すように，情報システムにアクセスする攻撃者を認証し，相手の IP アドレス(ネットワーク上に割り振られた論理的なアドレス)を見て，拒否(reject)する．仮に許可権限のある本人になりすましても，ID とパスワードが一致しなければ，落とし(drop)，不正侵入を防止する．

仮に，権限のある本人になりすましても，権限が限定されていて，運用サーバや管理サーバにアクセスができないようになっている．業務は部門ごとに分割されていて，他部門にアクセスすることはできない．ハッキングされても，汚染や被害の程度は限定的となる．攻撃者が機密情報を持ち出すためには，情報システムへのログイン ID とパスワードの取得が必要である．アクセスログ，ログインログが常に取得されていて，不正アクセスを検知し，管理者に発報や

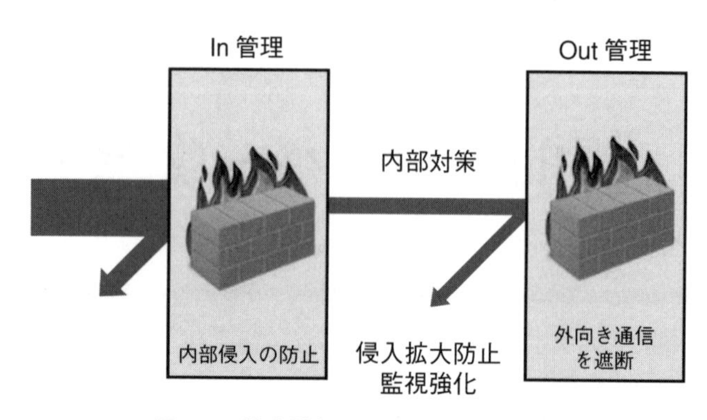

図 6.1　機密情報の In 管理と Out 管理

警告メールが送信される．これらを In 管理という．

Out 管理としては，プロトコル(通信上のやり取りの手順)は，HTTP, HTTPS のみを許可し，FTP(ファイル転送用のプロトコル)や Telnet(コマンドレベルのプロトコル)は，ファイアウォールによって制限を加える．また，プロキシサーバ(外部に送信するための代理サーバ)を経由しないと，外部にデータの送信ができないように制限を加えておくと，情報システムの内部セグメントの端末になりすましたとしても，容易にデータを送出することができない．

ただし，In 管理，Out 管理の両方が上手く機能していても，完全なセキュリティシステムの構築は，膨大な時間とお金を要することになる．セキュリティシステムの設計の基本は，機密情報は漏えいするものとして，外部に流出しても解読できないように，HDD 上のデータに暗号化の秘匿を行うことである．個人情報は，個人情報が流出しても，利用できないように，氏名と住所を別々に記憶させ，本人が特定できないようにする．**図 6.1** に示す Out 管理により，機密情報が流出しても，組織への影響は軽減される．

情報セキュリティ上の問題では，攻撃者は攻撃対象者の脆弱性を発見し，それを攻撃拠点として，上位の権限を取得する．次に，企業にとって重要な機密情報を，ネットワークシステムに侵入した経路を逆順に辿り(コネクトバック通信)，インターネットを介して外部に持ち出す．

この攻撃プロセスは，計画立案段階，攻撃準備段階，初期潜入段階，基盤構築段階，内部侵入・調査段階，目的遂行段階，再侵入段階から構成される．APT(Advanced Persistent Threat)[1]攻撃の主たる要素は，攻撃準備段階でのC&Cサーバ(Command & Control server)の構築と，初期潜入段階での攻撃拠点の構築にある．

攻撃拠点の構築に際しては，攻撃対象事業者の脆弱性を発見し，初期潜入のためのボット，キーロガーなどのウイルスを送り込む．また，C&Cサーバを構築し，パスワードクラックのように総当たり攻撃を行い，攻撃の自動化が行われる．これに対して，攻撃を受ける側は，ファイアウォールを立て，許可されないアクセスや外部への機密情報の漏えいの防止に努める．

例えば，攻撃の内部侵入の防止(In管理)，侵入拡大防止および監視強化など(内部対策)，攻撃の外向き通信を遮断および監視強化(Out管理)が行われる．防御の成否は，ネットワークシステムを常に監視し，いちはやくコネクトバック通信を遮断することにある．

機密情報漏えいの事件と事故は引きを切らない．2005年には軍事利用可能な無人ヘリの他国への不正輸出未遂，2007年には従業員による設計データの入ったパソコンの持出し，2012年には元従業員がサーバ上の図面情報を不正に複製，同年，鉄鋼会社の退職者を通じて，高性能の鉄鋼製品の製造技術情報や図面データが他国の鉄鋼会社に盗用されている．

このような事件を踏まえ，経済産業省，法務省，外務省，製造業，警備会社など約30社が集まり，官民で対策フォーラムが開催された．対策として，退職者に機密保持を継続する秘密保持契約の締結を働きかけ，技術情報の厳格な区分管理を示唆した．また，機密情報漏えいを防止するための指針としては，経済産業省が定めた「企業情報管理に関する指針」などを設けている[1]．ガイドライン等にはさまざまなものが存在するが，経済産業省では対象としている情報の種類と産業を明確にしたうえで，その情報の管理や取扱いに関する義務の有無・内容や推奨している管理体制・措置について整理している[2]．

ウイルスによる機密情報の漏えいについては，従来，ウイルス対策ソフトをインストールしていれば，ウイルス対策としては万全であった．しかし，近年のウイルスによる攻撃のタイプが，標的型[1)]や水飲み場型[2)]に変化し，ウイルス対策ソフトによる対策効果が期待できない．また，ウイルスのパターンが発見されていないときに，新種のウイルスによる攻撃(ゼロデイ攻撃)も，同様にウイルス対策ソフトによる対策効果が期待できない．

2012年11月に起きた，某研究機関の情報漏えいでは，「告発についてですが，ここで提出できますか？」のメールが告発担当者の窓口に送られ，「間違いありません」と返信すると，「研究不正の告発書を送付します」と返信され，ファイルが添付されていた．添付されたファイルの拡張子は，アラビア語の「cod.～」と記載され，英語の語順では「～.doc」となる．相手は見ず知らずの人間ではあるが，疑わせるところがなく，添付されたファイルをクリックした．ファイルには，本文の記載がなかったが疑うことなく，担当者のPCがウイルスに感染した．情報漏えいの発覚までに，インド，メキシコのサーバと数百回交信し，計800件の情報漏えいがあった[3]．

6.2　標的型サイバー攻撃のプロセス

標的型サイバー攻撃については，情報システムが攻撃を受けても，機密情報の送出や情報システムの破壊工作がどの段階にあるか，攻撃の様相全体を早期に把握することができれば，機密情報の外部への送出を防止することが可能となる．

ところで，標的型サイバー攻撃型の機密情報の送出や情報システムの破壊工作は，計画立案，攻撃準備，初期潜入，基盤構築，内部侵入・調査，目的遂行，再侵入の7プロセスからなる(**図6.2**)．以下に詳しく述べていく．

---

1)　特定の個人や組織を標的に，機密情報の漏えいや機能の停止を狙ったサイバー攻撃のこと[3]．

2)　砂漠の水飲み場に来る動物を待ち伏せして，獲物を捕獲する手口のことで，例えば，よく人が集まる交流サイトなどの掲示板に掲載された画像をクリックするとウイルスに感染するなどである．興味のあるWebサイトを訪問しただけで，ウイルスに感染する場合もある[3]．

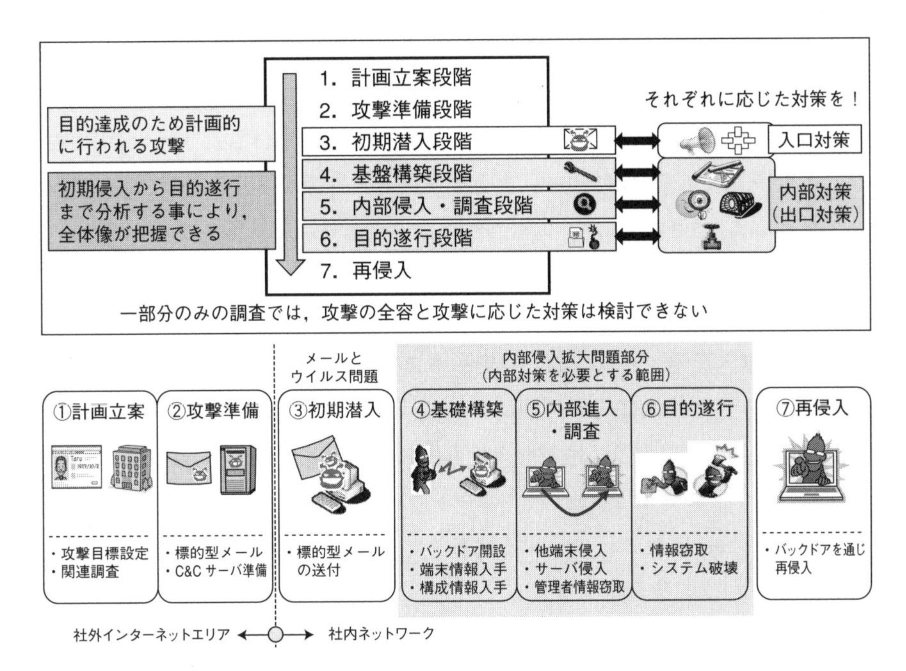

出典）　独立行政法人 情報処理推進機構 技術本部 セキュリティセンターの「「標的型メール攻撃」対策に向けたシステム設計ガイド」(2013 年 8 月)，p. 10 の図 2.1.2-1 および図 2.1.2-2 を組み合わせて作成.
https://www.ipa.go.jp/files/000033897.pdf

図 6.2　標的型サイバー攻撃のプロセス

(1)　計画立案段階

「機密情報の送出あるいは情報システムの破壊工作かの目的を設定し，標的型サイバー攻撃の計画立案を行う」[4].

(2)　攻撃準備段階

「関連組織団体等からの偽装に窃用可能なメールの内容や送信先アドレスの取得，攻撃成果確認指標の準備，マルウェア付き偽装メールの準備，リモート操作環境の準備を行う」[4].

攻撃準備段階では，攻撃目標となる組織の脆弱性の調査を行う．SNSやミニブログの交流サイトは攻撃者にとって，初期攻撃対象者の情報を獲得するツールとして有益なツールの一つである．マルウェアを添付したメールを準備するとともに，攻撃先のボット化（ネットワークの外部からリモートでコンピュータを操ること）されたコンピュータに司令を送り，制御するためのC&Cサーバ（Command & Control server）を準備する（**図6.3**）．

(3)　初期潜入段階：一次攻撃，リモートコントロール通信経路の開通

「関連する目標組織に対して同時にマルウェア付き偽装メールを送信する．この段階は，目標組織及び情報システム内部に潜入し，システム内部に通じるリモートコントロール通信経路（コネクトバック通信）を確保するために行う攻撃で，入口対策（偽装メール情報の共有，マルウェア検知，脆弱性対策，悪性サイト遮断等）が対象範囲となる」[4]．

悪意のあるサイトに初期攻撃対象者を誘導することを目的としてメールを送付する．あるいはソーシャルエンジニアリングの手法を用いて，電話をする場

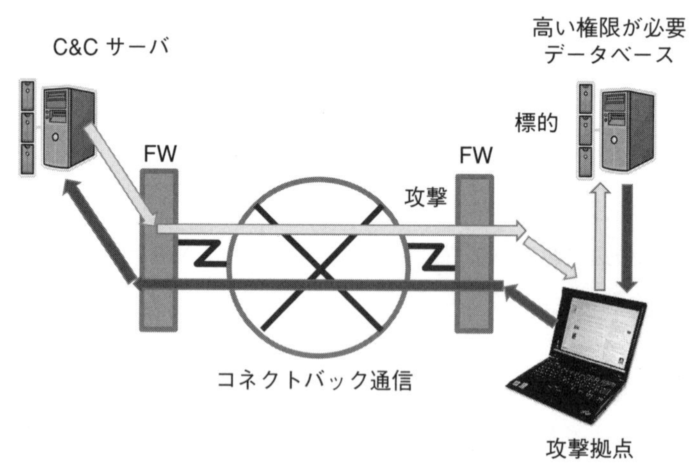

注）FW：ファイアウォール

図6.3　C&Cサーバとコネクトバック通信

合もある．マルウェアの設置したサイトに誘導させる．

大きな組織が攻撃目標である場合には，大勢の組織要員の一人が送付されたメールを開封する可能性は強く，一人でも開封するとリモートコントロール通信経路が攻撃者に対して開通する．情報システム側が接続元となって通信を発し，それに応答する形で侵入者が情報システムに接続し，侵入することが可能となる．このとき，攻撃者は，情報システムにバックドアをつくり，一部がボット化する．

(4)　基盤構築段階：侵入端末を起点にして，ネットワークおよびサーバの位置情報等を収集

C&C サーバとコネクトバック通信が確立すると，攻撃者は各種ツールを用い，試行錯誤を繰り返し手動により攻撃を行う．攻撃目標は侵入した端末を起点として，ネットワークおよびサーバの位置情報などを収集する[4]．

攻撃者は目標組織への侵入成否を管理し，継続的に侵入可能な目標の管理(戦果管理)を行う[4]．具体的には，侵入端末に，キーロガー(キーボードの入力をキャプチャするツール)，パスワードクラッカーなどの追加のマルウェアを送り込み，ID とパスワードを窃取する．また，ドメイン管理者のスキャンを開始し，運用サーバや管理者端末に，攻撃を拡大する．高い権限の ID とパスワードを窃取し，管理者権限を獲得する．

(5)　内部侵入・調査段階：アカウント情報を窃取しながら，侵攻範囲を拡大

「ユーザ端末から取得した管理者権限のアカウントにより，ファイルサーバ，認証サーバ(Active Directory 等)，運用管理端末，運用管理サーバ等の各装置を乗っ取る．

外部からリモートコントロールできる複数の端末を確保し，拠点(司令用)端末，基盤拡大用端末，潜伏用端末，情報収集用端末，情報送信用端末などの役割を有した攻撃基盤を構築する．

システム内の各セグメントや接続システムへの侵入拡大を行う．

侵入行為は，同一セグメント内→認証サーバ(Active Directory)→ネットワーク機器→管理サーバへと拡大する」[4].

(6)　目的遂行段階：乗っ取ったサーバから機密情報の窃取

「管理者権限で自由に操作できる各装置内から収集した目的とする情報を，複数の情報送信用端末から窃取情報を外部に少しずつ分割して送出する.」[4]

この段階までくると，情報システムそのものを乗っ取っていることから，最終目標が情報システムの破壊にある場合は，情報システムを破壊する．目的を達成すると，侵入の痕跡となるログを消去して，バックドアのみを残し，攻撃対象の情報システムから退去する.

(7)　再侵入段階

「目標組織のシステムに確保したコネクトバック通信を用いて，継続的に再侵入し，システム内探索を継続する．新たな拠点端末とリモートコントロールの通信経路を確保するために，同一組織に対して，マルウェア付き偽装メールの送信を継続する」[4].

ボット化したコンピュータのボットのバージョンを定期的に入れ替える，また，攻撃対象の機密情報の窃取と監視のために，再び侵入を繰り返す.

6.3　機密情報の監視強化

標的型サイバー攻撃のプロセスの7段階のどの段階でも対策は可能であるが，初期潜入段階で対策をとれると，たとえ侵入されたとしても，機密情報の外部への流出がないので実害はない．マルウェアが仕込まれたメールの送付から組織への初期攻撃が始まるが，気づかない場合が多い．侵入端末を起点として，運用サーバや管理サーバへのアクセスが行われ，内部への侵入が拡大する.

攻撃核心は外部からのリモート操作による機密情報の窃取や情報システムの破壊であるが，対策は，おおまかに次の3つである.

- In 管理：攻撃の内部侵入の防止
- 内部対策：侵入拡大防止および監視強化など
- Out 管理：攻撃の外向き通信を遮断および監視強化

アクセスログやイベントログは自動的に取得しているが，そのログをチェックし，結果を記録している企業は少ない．また，ネットワークシステムの外部と内部の境界に設置されるファイアウォールについても，交信する相手の IP アドレス，プロトコルに制限を加え，不要なポートを閉めるなどの対策を実施している企業は少ない．

攻撃の核心は基盤構築段階の侵入拡大で，この対策は内部対策の実施により効果を上げる．しかし，内部対策については，侵入されて慌てて対策をとっても，機密情報が流出していて，対策が功を奏さない場合がある．情報システムを立ち上げたときに，情報システム全体の問題として，内部侵入を前提として，システムをあらかじめ構築しておくことが重要である．

監視強化策としては，情報システムの侵入を検出するために，攻撃者の基盤構築，内部侵入行為そのものの監視を強化し，トラップ(罠)を仕掛ける．また，防御遮断策としては，コネクトバック通信の確立，サーバのハッキング，サーバの乗っ取り，パスワードのハッキングなどの攻撃を回避するための情報システムを構築する．

① 標的型サイバー攻撃のプロセスの基盤構築段階での対策

- リモートコントロール通信経路(コネクトバック通信)の検知・遮断
  - —ファイアウォールにより，ポート(80，443)，IP アドレスに制限を加え，プロトコルを HTTP，HTTPS に限定する．コネクトバック通信を遮断する．
  - —プロキシサーバによってアクセス制御し，コネクトバック通信を遮断する．
  - —プロキシサーバの認証機能によって，不正な通信を遮断する．
- 攻撃者による，内部探索・調査活動の検知・遮断
  - —プロキシサーバの認証のログを分析し，コネクトバックの兆候を検

出する．

—コネクトバックの通信はプロキシサーバを経由しないことから，プロキシサーバをいったん切断し，強制切断時のログ解析によって，C&Cサーバに接続するコネクトバック通信を検出する．

—マルウェアなどにより模倣されたブラウザ通信を，プロキシによって監視する．

—内部未使用IPによる特定サービスを監視する．

② 内部侵入・調査段階での対策

- 攻撃者による内部侵入者の拡大防止

—ネットワークをセグメンテーションし，ユーザー端末と運用管理端末を分離する．

—ネットワークのセグメンテーションとアクセス制御をする．

—高い管理者権限者のアカウントのキャッシュを禁止する．

—ユーザー端末間のファイル共有を禁止する．

- ユーザー端末におけるアカウント窃取防止

—トラップのアカウントを設け，攻撃者のログイン攻撃を検知する．

—新たに開設されたコネクトバック通信のListenポートを監視する．

—運用管理で使用がなく，ハッキングで使用されるコマンド群の使用状況を監視する．

参考文献

[1] Cole, E.: *Advanced Persistent Threat*, Syngress, 2012.

[2] 経済産業省：「我が国における情報管理に関する各種ガイドライン等について」，2010年3月，2010.
http://www.meti.go.jp/committee/materials2/downloadfiles/g100331a08j.pdf

[3] 川合智之：「サイバー攻撃 手口巧妙に」，『日本経済新聞』，2013年4月14日朝刊，2013.

[4] 独立行政法人 情報処理推進機構 技術本部 セキュリティセンター：「「標的型メ

ール攻撃」対策に向けたシステム設計ガイド」，2013 年 8 月，2013.
https://www.ipa.go.jp/files/000033897.pdf

第7章

定性的リスク分析

ここでは，JIS Q 15001 と ISO/IEC 27001（情報セキュリティマネジメントシステム）とのリスク分析上の違いについて解説する．

7.1 個人情報保護法と JIS Q 15001 の違い

JIS Q 15001：2006（以下，JIS Q 15001）が要求する大雑把なリスク分析および対応の流れは，個人情報の特定→業務の局面に沿ったリスク分析→対策立案→対策の規定化→残存リスク→対策の実施の確認（運用点検，運用状況の監査）となる．

JIS Q 15001 では，個人情報保護マネジメントシステムを「事業者が，自らの事業の用に供する個人情報について，その有用性に配慮しつつ個人の権利利益を保護するための方針，体制，計画，実施，点検及び見直しを含むマネジメントシステム」と定義している．JIS Q 15001 は個人情報保護の管理を事業者の自主的な管理に委ねているが，個人情報保護法の概念は，個人情報の最低限度の保護すべき事柄を規制し，事業者および個人情報の漏えいなどを行った個人を罰する両罰法である．また，個人が直接，事業者を訴えることができず，主務省がその権限をもつ間接罪方式である．大きな違いは，自主管理であるか，法による強行法的な違いである．

一方，ISO/IEC 27001：2013（以下，ISO/IEC 27001）の場合は，情報の価値の大きさで，想定されるリスクの対応策を考えているが，JIS Q 15001 では，保有する個人情報が一人分であっても，重要度は同じである．用語においても，個人情報保護法では，開示，内容の訂正，追加または削除，利用の停止，消去および第三者への提供の停止の行えるもの(一つでも抜けると保有個人データとはいわない)を保有個人データ(保有とは事業者の管理下に置くという意味である)といい，過去6カ月以内に5,000件を超える事業者を，個人情報取扱事業者といい，個人情報保護法の第4章以降を適用する[5]．同法の第1章から第3章は共通項目で，すべての事業者に適用する．なお，JIS Q 15001では，個人情報保護法と区別(個人情報が一人以上を保有する事業者を対象とする)するために，開示対象個人情報という．

これ以外にも，個人情報保護法では，生存している人の個人情報が保護の対象になるのに対して，JIS Q 15001では，歴史上の人物は別として，生きている人，死んだ人の個人情報が保護の対象となる．

リスク分析においても，個人情報保護法とJIS Q 15001において，保護の対象が若干異なるので，その違いを知って個人情報のリスク分析をすることが必要である(**表7.1**)．

表7.1　個人情報保護法とJIS Q 15001，番号法の違い

	個人情報保護法	JIS Q 15001	番号法
対象	生きている人	生きている人 死んだ人	生きている人 死んだ人
本人の権利対象	保有個人データ[5] (個人情報取扱事業者が，開示，内容の訂正，追加又は削除，利用の停止，消去及び第三者への提供の停止を行うことのできる権限を有する個人データ)	開示対象個人情報[3] (保有個人データと同様の概念，ただし，消去までの期間を問わない．利用目的の通知，開示，内容の訂正，追加又は削除，利用の停止，消去及び第三者への提供の停止)	特定個人情報 (個人番号を含む個人情報)
対象事業者	過去5,000件を超える事業者	1件でも保有すれば対象	個人番号関係事務実施者 個人番号利用事務実施者

7.2　JIS Q 15001とISO/IEC 27001のリスク分析上の違い

次にJIS Q 15001(個人情報保護マネジメントシステム)とISO/IEC 27001(情報セキュリティマネジメントシステム)のリスク分析上の違いであるが，これは個人を特定するために識別された個人の観点で考えるか，財務的な観点で考えるかという点が異なる．**表7.2**に示すように，リスクの種類についてもJIS Q 15001では本人への影響として「危害」のリスクがリスク分析の対象の中心となり，ISO/IEC 27001の場合は「損失・損害」のリスクがリスク分析の対象の中心となる．

同様に，分析の方法についても，ISO/IEC 27001の場合は，企業経営への影響を考え，財務上の損失および損害の大きさ(定量的)を分析する．しかし，JIS Q 15001では，保護の対象となる個人に対して，どのような危害が加えられるかを分析し，分析そのものは定性的である．また，保有する個人情報の件数に関係なく，保有する個人情報の件数が1件でも，リスク分析の対象となる．

7.3　個人情報の特定

個人情報の洗い出し方には，業務ごとに洗い出す方法と，個別の個人情報を個々に洗い出す方法がある．

個人情報の洗い出しは，現場の個人情報を取り扱う業務の担当者が，「個人情報取扱い申請書」などにより，個人情報の取扱い(取得，利用，アクセス，提供，委託，保管，廃棄)を含めて個人情報を特定し，「個人情報保護管理台帳」に登録する．個人情報保護管理者は，「個人情報取扱い申請書」と「個人情報保護管理台帳」を承認する．初期の洗い出しでは，「個人情報取扱い申請書」の作成を行わずに，いきなり，「個人情報保護管理台帳」を作成する場合もある．

JIS Q 15001の箇条3.3.1「個人情報の特定」では，次に示すとおり「すべての個人情報を特定」(下線は筆者による)することを要求している[3]．

表7.2　JIS Q 15001 と ISO/IEC 27001

	個人情報保護法	個人情報保護マネジメントシステム（JIS Q 15001）	改正個人情報保護法[6],[7] パーソナルデータの利活用に関する制度改正大綱[1]
要求事項の性格	間接罪方式（行政罰） 指導→勧告→罰則	民間による自主基準	間接罪方式（行政罰），一部直接罰を含む 指導→勧告→罰則 不正な利益を図る目的による個人情報データベース等提供罪の新設
活動範囲の対象	組織全体（例：全社）	組織全体（例：全社）	組織全体（例：全社）
適用対象	組織，個人	組織	組織，個人
対象となる情報	個人情報 （個人を特定する情報）	個人情報 （個人を特定する情報）	個人情報 ＋ パーソナルデータ （識別はできないが，特定の個人の識別に結び付く蓋然性の高いパーソナルデータ（個人データ）を含む）
特徴	• 本人に利用目的を明示し，同意が得られると，利用目的の範囲で個人情報が利用できる． • 個人情報が5,000件を超えない事業者は対象から除外する．	• 個人情報が，5,000件を超えない事業者も対象とする．	• 個人の特定性を低減したデータへの加工がされれば，本人の同意がなくとも，第三者提供を可能にする枠組みを導入する． • 名簿屋対策 ―トレーサビリティの確保 ―データベース提供罪（処罰規定あり） • 自主規制ルールを策定 • 第三者機関による認定を受ける． • 個人情報が，5,000件を超えない事業者の適用除外を廃止 • 個人データを共同して利用する者の全体が一つの取扱事業者のみ，共同利用が認められる．
管理対象の期間	本人が生きている限り保護すべき対象	歴史上の人物を除いて，生きている人，死んだ人の個人情報が保護の対象	本人が生きている限り保護すべき対象
権利者	本人 （個人を特定するために識別された個人）	本人 （個人を特定するために識別された個人）	本人 （個人を特定するために識別された個人，蓋然性の高いパーソナルデータの個人）
分析方法	定性的	定性的	定性的
評価の主体	人的影響	人的影響	人的影響
リスクの種類	危害	危害	危害
致命度	危害の性格	危害の性格 （一人でも重要）	危害の性格 （一人でも重要）

のリスク分析上の違い

番号法	情報セキュリティマネジメントシステム （ISO/IEC 27001：2013）
直罰 正当な理由なく特定個人情報ファイルを提供 ⇒4年以下の懲役または200万円以下の罰金（併科あり）[8] 不正な利益を図る目的で個人番号を提供または盗用 ⇒3年以下の懲役または150万円以下の罰金（併科あり）[8]	民間による自主基準
個人番号関係事務実施者 個人番号利用事務実施者	事業所単位（例：事業部，部）
組織，個人	組織
個人情報 ＋ 個人番号 特定個人情報 （個人番号を含む個人情報）	情報資産 （企業の活動の元になる価値ある情報）
• 個人番号関係事務実施者に，収集，利用に制限を加える． • 「社会保障，税，災害対策の手続きに必要な場合など，番号法第19条で定められている場合を除き，他人（自己と同一の世帯に属さない者）の個人番号の提供を求めたり，他人（同左）の個人番号を含む特定個人情報を収集し，保管したりすることは，本人の同意があっても，禁止される．」[2]	• 価値の対象が情報資産であり，リスクの大きさが，最終的に損失金額で評価される．
生きている人，死んだ人の個人番号が保護の対象	最新であることに価値がある （古くなると価値を喪失する）
本人 （個人番号を付与された本人）	あらゆる形態の組織（エンティティ） （例えば，営利企業，政府機関，非営利団体）
定性的	定量的
人的影響	財務的影響
危害	損失・損害
危害の性格 （一人でも重要）	損失金額の量的評価

3.3.1　個人情報の特定

事業者は，自らの事業の用に供するすべての個人情報を特定するための手順を確立し，かつ，維持しなければならない．

（JIS Q 15001：2006 より）

この考えは情報セキュリティマネジメントシステム ISO/IEC 27001 と同じであるが，洗い出しにおいて同様な負荷を生じる．

漏れなく個人情報管理台帳に登録し，個人情報として管理の対象を明確にする．できるだけ多く洗い出すことよりは，重要な個人情報の特定が漏れ，管理すべき対象の個人情報が抜けることが問題である．

7.4　業務フローの流れに沿ったリスク分析

個人情報の特定が終わると，リスク分析を行うが，同時並行的に行ってもよい．JIS Q 15001 の箇条 3.3.3「リスクなどの認識，分析及び対策」では，次に示すとおり「その取扱いの各局面におけるリスク」(下線は筆者による) を分析することを要求している[3]．

3.3.3　リスクなどの認識，分析及び対策

事業者は，3.3.1 によって特定した個人情報について，目的外利用を行わないため，必要な対策を講じる手順を確立し，かつ，維持しなければならない．

事業者は，3.3.1 によって特定した個人情報について，その取扱いの各局面におけるリスク(個人情報の漏えい，滅失又はき損，関連する法令，国が定める指針その他の規範に対する違反，想定される経済的な不利益及び社会的な信用の失墜，本人への影響などのおそれ) を認識し，分析し，必要な対策を講じる手順を確立し，かつ，維持しなければならない．

（JIS Q 15001：2006 より）

各局面とはライフサイクルの各段階を示し，業務によって，ライフサイクルの各段階は異なっている．業務によっては「委託」の段階が，ライフサイクルの段階に存在するが，業務委託を行わずに，自社のみで業務を遂行する場合には，「委託」の段階が存在しない．委託以外にも，手書きの書類のみを扱い，電子化しない場合は，個人情報のコンピュータシステムへの「入力」の段階がライフサイクルの段階に存在しない場合がある．ライフサイクルの段階は業務により異なる．一般的には，個人情報のライフサイクルの各段階は，取得，入力，移送，・送信，加工・利用，保管，外部委託，消去・廃棄となる．いきなり，書類を集めて，個人情報を特定するのではなく，自己の担当する業務がどのような流れになっているかを整理し，次に業務に必要な書類と，特定すべき個人情報を明確にする．

以上をリスク分析の流れで解説すると，次の流れとなる．

(1)　リスク分析の流れ

① 業務フローを調査・整理する．

業務プロセス：同じプロセスで取り扱われる個人情報をグループ化したもので，グループ化することによって，リスク分析作業を効率化できる．

② 業務フローから，個人情報を取扱う局面を明確にする．

個人情報を取扱う局面：個人情報のライフサイクル（例えば取得・入力，移送・送信，加工・利用，保管，外部委託，バックアップ，消去・廃棄）

③ 個人情報を取扱う局面の各段階で，想定されるリスクを特定する．

その際，漏えい，紛失などの表現はリスクの分類に過ぎず，洗い出しに際して意識する必要は必ずしもなく，より具体的，現実的にリスクを表現する．

④　想定されるリスクに対応して，対策を策定する．

対応策として，低減(軽減)，回避(撤退)，受容(許容)，移転が考えられる．JIS Q 15001には，対応策の選択についての要求事項は存在しないが，リスク軽減の目的でとられる対応策は「低減」である．

想定されるリスクとしては次の５つを特定する[3]．

- 個人情報の漏えい
- 滅失またはき損
- 関連する法令，国が定める指針その他の規範に対する違反
- 想定される経済的な不利益および社会的な信用の失墜
- 本人への影響などのおそれ

なお，「関連する法令，国が定める指針その他の規範に対する違反」はコンプライアンスリスクとも呼ばれる[4]．

⑤　策定した対策を，ルール化(規定化)し社内的にオーソライズする．

想定されるリスクが明確になっても，具体的な対策がとられない限り，リスクはそのまま存在することになる．規程類に，具体的な対策をルール化し(規定化し)，対策の実施を確実にする．リスク分析表には，規程に反映した箇条まで記載すること．

⑥　残存リスクを見積もる(経営者の承認を得る)．

対策がとられていない，元々，存在しているリスクを固有リスクといい，対策後に残っているリスクを残存リスクという．

とられた対策が妥当であるかの判断の拠り所になる．残存リスクが大きい場合には，追加の対策が必要である．

⑦　対策の実施の確認をする(運用点検，運用状況の監査)．

リスク分析表で，よく陥る誤りは，想定されるリスクが，紛失，持出し，破壊などが抽象的に記されていて，具体的な対策に結びつかないことである．「案内状」の郵便物が誤封，誤送される，顧客の「申込書」が一般ゴミとして誤廃棄される，生徒の成績の入ったUSBメモリーを

鞄ごと電車に忘れる，といった具合にリスクが具体的となると，相応した合理的な対策を考えやすくなる．それぞれ対策としては，窓開き封筒を使用する，廃棄用の箱を設け廃棄記録をとる，USBメモリーの持出し・持込みを禁止する，鞄を身体から離さない，となる．

さらに，JIS Q 15001では，ISO/IEC 27001(情報セキュリティマネジメントシステム)でのリスク分析の定量的な分析の枠組みを外し，一人の個人情報でも保護の対象の観点から，想定されるリスクを具体的に特定する必要がある．想定されるリスク対策の具体化の度合いにより，相応した合理的な対策となる．

図7.1は，発送代行業者が発送先リストをクライアントからCD-ROMで受領し，電車で運搬する場合の想定されるリスクの具体化の度合いを示したものである．想定されるリスクが「移送中の紛失」とだけ記載されていて具体的でないと，運搬手段には，電車，車，郵送，宅配便とあり，考えられるすべての運搬手段に対策を考えることになる．例えば，電車の場合は網棚への置き忘れ，車で運搬する場合には車上荒らし，郵便の場合は誤配がある．当然，想

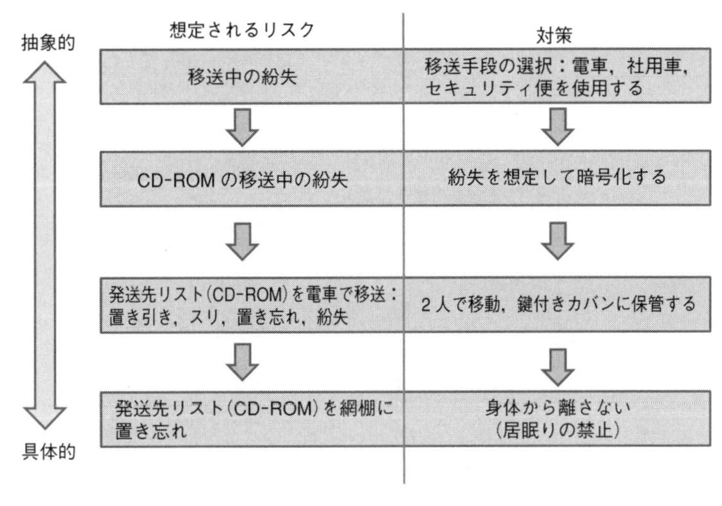

図7.1　想定されるリスクの具体的な洗い出し

定されるリスクに対して，対策が異なる．電車の場合は鍵付き鞄の中にCD-ROMを入れ，身体から離さない．車で移動の場合は，トイレなどでコンビニに寄ったときに，車上荒らしに遭わないように車に鍵を掛け，個人情報をケースに入れ，個人情報を運搬していることを，外見からわからないようにするなどである．

このように，定性的なリスク分析のプロセスは，「想定されるリスク」を具体的に特定し，「相応した合理的な対策」をいかに具体的に講じるかである．

7.5　リスク対応

図7.2および図7.3のリスク対応の一般的な概念は，以下のように定義され用いられる．

- **リスクを低減**：対策を講じて，リスクが現実化する可能性を減少させる．
- **リスクを保有・受容(許容)**：現状のままのリスクを受入れ，対策を講じない．なお，受容(許容)は受入れ可能な状態までリスクが低減されていることをいう．
- **リスクを回避**：当該の活動から撤退するか，その他の方法により回避する．

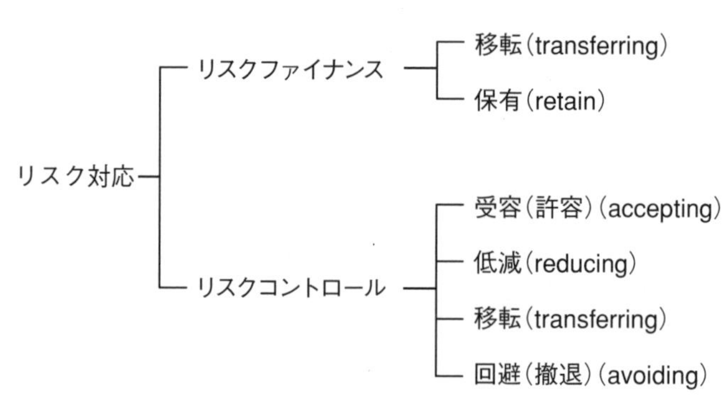

図7.2　リスク対応の分類

- **リスクを移転**：リスクが現実化した場合を想定して，リスクを他に移転する．

図 7.3 では，発生確率が大きく，危害が小さい場合には，リスクの具体的な低減策を講じる．また，発生確率が小さく，危害が小さい場合には，リスクを保有し，発生確率が小さいが，ひとたび発生すると危害が大きい場合，例えば，いったん漏えいすると事業停止となる社会的風評に曝される場合は，保険や第三者に移転する．発生確率が大きく，危害が大きい場合は事業から撤退するとなる．しかし，JIS Q 15001 では，できるだけ具体的に想定するリスクを洗い出し，リスク対策を具体的に講じることが求められる．

仮に，低減策を選択した場合には，定性的な分析に相応しいレベルまで，リスク低減策を講じる．通常，情報セキュリティでは，情報資産の重要度を金額に換算して考えるため，情報資産への影響を定量化して分析する．しかし，JIS Q 15001 では，情報の主体者が個人であるため，個人情報の漏えいなどによる事件・事故は，本人の身体的苦痛などの危害が想定され，必ずしも定量的な分析は適切とはいえない．むしろ，JIS Q 15001 の解説 3.2.3「リスクなどの認識，分析及び対策」では，「定性的な分析」を求めている[4]．

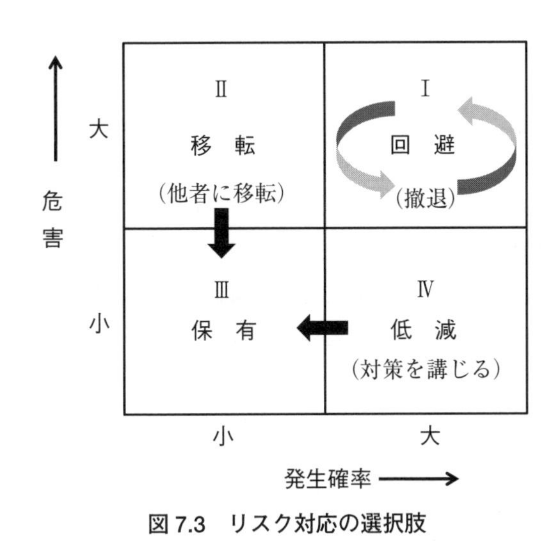

図 7.3　リスク対応の選択肢

また，JIS Q 15001の解説3.2.3「リスクなどの認識，分析及び対策」[3]では，「事業者は，洗い出したリスクに対し，その分析に相応した合理的な対策を講じなければならない」とし，リスク分析方法や，リスク対応の選択肢の明確な要求はなく，リスク分析の方法については，受審側の判断に任せられている．ただし，リスクの洗い出しが具体的ではない場合や，リスクの洗い出しの漏れがあると，要求事項を満たしたことにはならない．

「相応した合理的な対策」方法を実現するために，想定されるリスクの定性的な分析を行い，分析に相応しいリスク対応の選択肢を選択する方法を以下に解説する．

(1)　リスクの低減

リスクの低減とは，対策を講じてリスクが現実化する可能性を減少させることである．JIS Q 15001では，残存リスクは高いが「リスクを保有」する場合，経営者が覚悟を決めるか，当該活動から撤退，または保険や他社との契約により，当該活動のリスクを移転するなどの対策をとる．残存リスクとは「リスク対応後に残っているリスク」[4]をいう．引き続き「リスクの低減」を選択した場合は，追加の対策を試みることになる．この場合リスクは，**図7.3**の第4象限から第3象限に移動する．リスクの発生確率が大きく，危害が小さい場合に適用する．

なお，ISO/IEC 27001では，残留リスク(residual risk)と称し，管理策適用後の残りのリスクとして定義される．管理策はISO/IEC 27001の附属書に示され，独自に追加することも可能である． 一方，JIS Q 15001の解説3.2.3では「すべてのリスクをゼロにすることは不可能である」としていることから残留リスクと残存リスクとは厳密な意味では異なる[4]．

継続的な監視を行い，事件・事故に関連するデータを収集し，リスクが受容可能なリスク(受容リスク)の中に入っているかを分析する．「すべてのリスクをゼロにすることは不可能」であるが，受容リスクの範囲内に残存リスクを低減できるまで対策を追加し，残存リスクを低減する(**図7.4**)．なお，固有リス

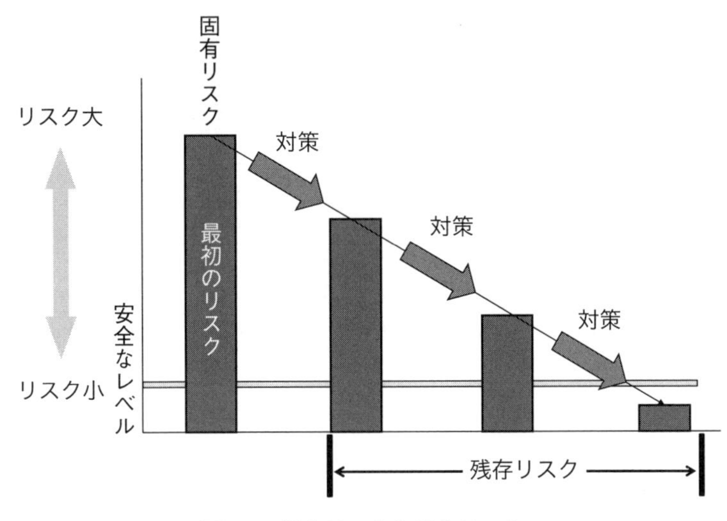

図 7.4　固有リスクと残存リスク

クとは，対策をとる前のリスクである．

(2)　リスクの保有

リスクの保有・受容(許容)とは，現状のままのリスクを受け入れ，対策を講じないことである．リスクを許容できる状態で保有する場合と，リスクが安全でない現状のままで保有する場合の 2 つが存在する．

経済分野では，リスク対応の選択肢として，「リスクの低減」，「リスクの保有」，「リスクの回避」，「リスクの移転」がある(**図 7.3**)．JIS Q 15001 では，リスクとして，財務上の損害，損失よりは，個人情報の権利者である本人への影響があり，財務上の損失で考えるよりは，個人情報の漏えいによる危害の側面が大きい(もちろん財務上の損失を伴う場合が多い)．

したがって，リスクが現実化したときに，財務上の損失を補塡するための方策としての「移転」は必ずしも適切でない．また，「保有」の考え方も，リスクが現実化した場合に被る財務上の損失や損害を企業内に蓄えた内部留保によって補塡するなどの対応策は，必ずしも適切とはいえない．

図 7.2 のリスクコントロールが，JIS Q 15001 に適用されるリスク対応の選択肢で，「保有」は本人へのリスクが安全な状態まで低減されていて(リスクはゼロにならないという考え方)，事業活動のサービスの利益を供与される代わりに，個人情報の主体者が，残りのリスクとして受け入れる．あるいは，残存リスクが安全な状態まで低減されていないが，現状のままのリスクを，事業者が保有することを選択する．

リスクは**図 7.3** の第３象限に位置し，当該活動のなかに，現状のままのリスクを抱え込む．一般的にリスクが現実化した場合の危害のレベルは低く，発生確率も小さい．

(3)　リスクの移転

リスクの移転とは，リスクが現実化した場合を想定して，リスクを他に移転することである(**図 7.3**)．一般的には，保険などの方法により，リスクが現実化した場合に，財務上の補塡を行うことを指す．もう一つの考え方は，当該活動の事業者への負担ではなく，他者に財務や危害の負担を移転することである．例えば，個人情報の取り扱いを委託している下請負契約者に，個人情報の漏えいによる損失を，損害賠償の責任(経済産業省のガイドラインでは過超な負担をさせてはならないとしている)を負わせることなどである．ただし，民法第 715 条(使用者等の責任)[1]では，委託元の責任は逃れられない．**図 7.2** で，財務上のリスクに対しては，リスクファイナンス上の移転，リスクコントロール上の移転の両方が可能である．

リスクは**図 7.3** の第２象限から，第３象限に移動する．リスクの発生確率が極めて小さく，いったんリスクが現実化すると，危害が大きい場合に採用する．

1)　民法第 715 条：ある事業のために他人を使用する者は，被用者がその事業の執行について第三者に加えた損害を賠償する責任を負う．ただし，使用者が被用者の選任及びその事業の監督について相当の注意をしたとき，又は相当の注意をしても損害が生ずべきであったときは，この限りでない．

(4)　リスクの回避

リスクの回避とは，当該の活動から撤退するか，その他の方法により回避することである(**図 7.3**)．個人情報の事件・事故の発生確率が大きく，危害が大きい場合や，財務上の観点からも，損失が大きく，企業が収益を上げることができない状態を想定している．事業から撤退すれば，その時点でリスクは**図 7.3** の第 1 象限で消滅する．

数年前は，携帯電話の加入申込み時に，紙の申込書に書いて申し込んでいたが，この方法では紙の申込書を管理元にファックスしたり，運搬するなどの手間が生じていた．また，移送に伴う紛失や漏えいのリスクが存在していた．しかし，最近は，いきなりサーバの専用端末から申込者情報を入力することで，紙の申込書の保管や運搬がなくなった．そのため，移送のリスクそのものが消滅したのである．

同様に，生徒の名簿の漏えいが問題となり，文部科学省から USB メモリーの取扱いの注意喚起の通達が出て，教員の自宅での業務を禁止した学校も現れた．

これ以外にも，発送代行業では，宛名リストを印刷して，宅配業者に梱包品を引き渡すと，依頼元に返却せずに，委託先で CD-ROM や紙の発送先リストを裁断し，サーバ上の発送先リストを消去する．その時点で，リスクは消滅する．このような当該活動からの撤退や個人情報の消去は，**図 7.3** の第 1 象限に相当する．JIS Q 15001 の解説と矛盾するが，残存リスクはゼロである．

7.6　残存リスク

JIS Q 15001 の解説 3.2.3「リスクなどの認識，分析及び対策」では，「現状取り得る対策を講じた上で，未対応部分」を残存リスクと定義し，その管理を求めている[4]．

残存リスクを管理するには，リスク分析表の末尾に残存リスクの欄を設け，具体的に記述し，明確にする．運用状況の監査では，残存リスクが顕在化していないか否かを確認する．

しかし，リスク分析表の作成で問題となることは，リスク分析表に残存リスクの欄を設けたにもかかわらず空白であったり，とられた対策と残存リスクが対応しないなどである．また，残存リスクの定義は，「対策がとられた残りのリスク」として定義されることから，想定されるリスクを取りまとめて，一つの残存リスクにすることは意味がない．とられた対策ごとに残存リスクを明らかにしなければならない．

残存リスクを企業関連，部署・担当者関連，情報システム関連に分割すると，以下のとおり，誰が，何時，何に注意すべきかが明確となり，その扱いが容易になる．

- 企業関連（当面の対策は困難）
  - ―投資が必要
  - ―技術的に困難
  - ―時間・工数を要する
- 部署・担当者関連（対策が適切に実行されないケース）
  - ―忘れ
  - ―ポカミス
  - ―操作ミス
  - ―期限切れ
  - ―契約切れ
  - ―故障
- 情報システム関連（対策の劣化）
  - ―バグの発見
  - ―新手の手口による現行対策の劣化
  - ―バッテリーなどの消耗による劣化
- その他（法令，指針の改廃や新規の策定など）

ところで，「安全」とはリスクから解放され「受け入れ不可能なリスクがないこと（受容できないリスクがないこと）」をいう．この場合，残存リスクは受容可能なリスクより小さいか，または同等である．リスクが安全な状態まで低減できている場合は問題がないが，技術上の問題，組織上の問題，財政上の問題など種々の問題が絡んで，とられた対策や追加の対策をすぐに実行できない場合や，事業活動の重要性からリスクを保有しながら事業活動を続ける場合は，残存リスクは受容可能なリスクより大きくなる．この場合には残存リスクを保有することになるが，事件・事故が起こりやすいことから，経営者が承認し，事件・事故の管理の責任および手順を確立しておくことが重要である．

一方で，対策後のリスクは低減されているが，法的要求事項その他の理由により，さらにリスク低減を行う必要があるかどうかを判断する．逆に対策を考えても，技術的に達成できない場合や，その他，実現に障害となることを配慮して，受容できる水準より高くなることを残存リスクとして，経営者に承認を得る．

7.7　改正個人情報保護法の改正点

個人情報保護法が2003(平成15)年5月に公布されて10年強を超え，「個人情報の保護に関する法律及び行政手続における特定の個人を識別するための番号の利用等に関する法律の一部を改正する法律」が2015(平成27)年9月9日に公布された．2016年1月1日には，改正された個人情報保護法の第1条と第4条が施行となり，平成29年度には全面施行の予定である．

現行法の第1条の目的は，「個人情報の有用性に配慮しつつ，個人の権利利益を保護することを目的とする」であったが，改正された法律では「個人情報の適正かつ効果的な活用が新たな産業の創出並びに活力ある経済社会及び豊かな国民生活の実現に資するものであることその他の個人情報の有用性に配慮しつつ，個人の権利利益を保護することを目的とする」となる．

改正の趣旨は，目的に「個人情報の適正かつ効果的な活用が新たな産業の創出並びに活力ある経済社会及び豊かな国民生活の実現に資するものであること」が追記されたことで，ビッグデータでの利活用を意図している．特に医療分野での利用活用は，個人情報の主体者である本人へのメリットのみではなく，医療分野への活用と大きな経済効果に結び付くものと期待されている．

今後も改正されるが，大きな改正点を**表 7.3** に示す．大きな改正点は，個人の特定性を低減したデータへの加工がされると，本人の同意がなくとも，第三者提供を可能にする枠組みを導入したことである．その一方で，個人情報保護の強化の一つ(名簿屋対策)として，トレーサビリティの確保とデータベース提供罪が新設され，処罰規定が設けられた．

グローバル化への対応については，EU のデータ保護指令との整合性を図りながら，国外移転の制限「個人情報保護が不十分な外国への移転は，本人同意が必要である」を設けた．個人情報等のデータが日本から出ていくばかりでなく，海外からの個人情報等のデータを呼び込み，日本が個人情報等のデータのハブ化を目指し，経済が活性化することを意図している．

表 7.4 に示す個人情報の定義の改正部分では，「要配慮個人情報(機微情報)」を定義し，「医療情報」，「遺伝子データ」を含めた．人口構成比の高い団塊の世代が，やがて後期高齢者となることを見据えて，関連医療法制，関連情報法制の整備の一環として法整備を行う．また，遺伝子創薬などの次世代産業の推進を図ることを意図している．

個人情報として曖昧だった生体認証データ(内部的にはベクトルやバイナリーデータとなる)については，個人情報の対象として明確にした．ただし，プライバシーの侵害を争って裁判にまでなった JR 東日本の Suica の乗降履歴や，GPS などの行動履歴は，経済活動への有用性を巡って根強い反対者が多く，個人情報の対象とすることの規定化は先送りとなった．

「匿名加工情報」については，本人同意がなくとも第三者提供を可能としたが，一部匿名化したものを，提供先で元の個人情報に復元することを禁止し，詳細は委員会規則に委ねた．

表 7.3　個人情報保護法の改正点　2017 年に施行予定（個人情報保護委員会が立入検査を含む監査権限をもつ）

改正点	箇条	内容	関連
1. 個人情報の定義明確化			
個人識別符号	2 条 1 項	• 顔認識・指紋データ等の生体情報（1 号）を個人情報に含む	
		• 免許証番号・パスポート等の符号・番号（2 号）も個人情報に含む	政令で定める
要配慮個人情報	2 条 3 項	• 人種，信条，社会的身分，病歴，犯罪歴，犯罪被害歴，その他不当な差別等が生じないよう配慮を要する	政令で定める
	17 条 2 項	• 本人同意のない取得を原則禁止	
	17 条 2 項 6 号	• 診療行為等は，待合室に利用目的や第三者提供する旨の掲示をする等，「黙示の同意」により利用及び提供が可能となる予定	ガイドライン
	23 条 2 項	• 本人同意のないオプトアウトの第三者提供禁止	
2. 有用性の確保（利活用推進）	定義：2 条 9 項 事業者の義務：36 ～ 39 条	•「匿名加工情報」の新設	
		• 加工基準	委員会規則
		• 本人同意なく第三者提供可能．ただし，提供先での再特定は禁止	
	15 条 2 項	• 利用目的変更制限の緩和	
		•「相当な関連性を有する」⇒「関連性を有する」に変更	ガイドライン
3. 個人情報の保護強化（名簿屋対策）	23 条 2 項	• オプトアウトで第三者提供をする場合，委員会に届出	
		• 届出事項・手続等	委員会規則
	25，26 条	• 個人データ第三者提供 / 受領時の確認・記録義務	
		• 確認事項，記録方法等	委員会規則
	83 条　新設	• データベース提供罪（直罰規定：懲役 1 年，罰金 50 万円）	
4. 個人情報取扱いのグローバル化への対応	75 条	• 外国事業者への適用	
	78 条	• 外国当局との執行協力	
	24 条	• 国外移転の制限：個人情報保護が不十分な外国への移転は，本人同意が必要	
		• 十分な国・体制は委員会規則で定める．	委員会規則
5. その他	旧法 2 条 3 項 5 号を削除	• 取扱個人情報が 5,000 人以下の小規模事業者に対する適用除外を廃止	
	28 ～ 30 条	• 開示訂正等が「請求権」であり，訴訟対象となることを明確化	
	34 条	• ただし，事前に事業者に請求する必要あり	
	19 条	• 利用する必要がなくなった個人情報を消去する努力義務	

改正法の概要：http://www.cas.go.jp/jp/houan/150310/siryou1.pdf
新旧対照表：http://www.cas.go.jp/jp/houan/150310/siryou4.pdf　(p.1-38)
参考文献：第二東京弁護士会 情報公開・個人情報保護委員会 編：『Q&A 改正個人情報保護法』，新日本法規，2015.
出典）　吉田元永：「個人情報保護法改正に対する民間団体としての評価・懸念点」，一般財団法人 日本データ通信協会 情報法制研究会 第 3 回シンポジウム資料，2015 年 12 月 5 日，2015. 筆者が一部を加工・修正.

表 7.4　改正個人情報保護法による個人情報の分類

<table>
<tr><th colspan="2">分類</th><th>箇条</th><th>取扱い</th><th>内容</th><th>関連</th></tr>
<tr><td>保護強化</td><td>要配慮個人情報</td><td>２条３項
新設</td><td>取得時や第三者提供時は「明示的な同意」が必要</td><td>人種，信条，社会的身分，前科・前歴，病歴，犯罪被害歴，その他配慮を要する情報として政令で定める個人情報(医療情報，遺伝子データ，非行事実等)</td><td>政令</td></tr>
<tr><td rowspan="2">個人情報の対象の明確化</td><td>個人情報</td><td>２条１項</td><td rowspan="2">取得：利用目的の公表／通知で可能
第三者提供：オプトアウトによる提供可(現行法と同じ)</td><td>氏名，生年月日等，個人を特定する記述(現行法と同じ)
電磁的記録(電子データ)を含むことが明記された</td><td>――</td></tr>
<tr><td>個人識別符号</td><td>２条２項
明確化</td><td>以下の個人識別符号も個人情報と定義
1. 生体認証データ
(指紋，顔認識データ等)
2. 個人に付与されたID
(運転免許，パスポート番号)
※機器ID・IPアドレス，行動履歴，購買履歴等は先送り</td><td>政令</td></tr>
<tr><td>利活用</td><td>匿名加工情報</td><td>２条９項
新設</td><td>本人同意なく第三者提供可能(提供先での再特定は禁止)</td><td>1. 個人情報の一部を削除
2. 個人識別符号はすべて削除(復元できない方式で変換することを含む)
→加工基準は委員会規則で定める(36条１項)</td><td>委員会規則</td></tr>
</table>

出典)　吉田元永：「個人情報保護法改正に対する民間団体としての評価・懸念点」，一般財団法人 日本データ通信協会 情報法制研究会 第３回シンポジウム資料，2015年12月５日，2015．筆者が一部を加工・修正．

参 考 文 献

[1] 高度情報通信ネットワーク社会推進戦略本部：「パーソナルデータの利活用に関する制度改正大綱」，平成 26 年 6 月 24 日，2014.

[2] 内閣官房：「マイナンバー社会保障制度　税番号制度　(4)民間事業者における取り扱いに関する質問」，2015.

[3] 日本工業標準調査会審議：『個人情報保護マネジメントシステム―要求事項 JIS Q 15001：2006』，日本規格協会，2000.

[4] 日本工業標準調査会審議：「解説」，『個人情報保護マネジメントシステム―要求事項　JIS Q 15001：2006』，日本規格協会，2000.

[5] 個人情報の保護に関する法律(平成 15 年 5 月 30 日法律第 57 号)，2003.

[6] 内閣官房：「個人情報の保護に関する法律及び行政手続きにおける特定の個人を識別するための番号利用等に関する法律の一部を改正する法律案」，国会提出日平成 27 年 3 月 10 日，2015.

[7] 内閣官房 IT 総合戦略室 パーソナルデータ関連制度担当室：「個人情報の保護に関する法律及び行政手続きにおける特定の個人を識別するための番号利用等に関する法律の一部を改正する法律案　＜概要(個人情報保護法改正部分)＞」，内閣官房，2015.

[8] 内閣官房社会保障改革担当室：「マイナンバー法案の概要」，内閣官房，2015.

[9] 行政手続きにおける特定の個人を識別するための番号の利用等に関する法律(最終改正：平成 27 年 5 月 29 日法律第 31 号)，2015.

[10] 特定個人情報保護委員会：「特定個人情報の適正な取扱いに関するガイドライン(事業者編)」，平成 26 年 12 月 11 日，2014.

[11] 吉田元永：「個人情報保護法改正に対する民間団体としての評価・懸念点」，一般財団法人 日本データ通信協会 情報法制研究会 第 3 回シンポジウム資料，2015 年 12 月 5 日，2015.

第8章

個人情報保護システムの設計

8.1 プライバシー・バイ・デザイン

8.1.1 プライバシー保護の必要性

日本の防犯カメラの設置台数は，全国で500万台といわれている．防犯カメラの設置場所には，「防犯カメラにより撮影中」の貼り紙を付けることになっているが，防犯カメラの設置場所では，守衛が女性の画像を愉しみ，英国では黒人の若い男性を見て楽しんでいるといわれている．

情報技術の発展は目覚ましく，スマートフォンにはGPS(位置情報システム)の機能があり，スマートフォンのスイッチをONにしていると，本人の行動とともに位置情報が記録される．また，JR東日本のSuicaは，駅ごとに利用履歴が記録される．記録の内容は，乗降駅，利用日時，利用額，利用者年齢(年月日)で，Suica IDは元の番号が特定できない方法で変化した結果のみを使用している．JR東日本は，日立製作所にSuicaの利用者情報を匿名化して販売したが，その際一部の利用者から反発の声が上がった．

一方，ソニーはビッグデータ解析の市場に参入し，フェリカ(非接触ICカード)を川崎市の薬局200～3,000店の電子お薬手帳に販売した．それ以外にソニーが開発した交通系カードは，8,000万枚，楽天のEdyが約7,700万枚，流通系電子マネーが6,000万枚ある．仮に，これらのRFID(Radio Frequency Identification)の利用者の傍に行き，スキャナーをかざすと，情報が読み取られ，プライバシー侵害の懸念がある．フェリカのカードを利用する薬局やJR東日本は，取得した個人情報を料金の課金や薬の副作用などのチェックに使用し，その有用性は明らかであるが，情報が盗み取られないように，フェリカのカードの情報を暗号化するなどの安全対策が必要となる．

図8.1は，空港の保安検査でのスキャナー画像の図である．ピストルを携帯しているかの判断のために，全身スキャン画像は有効であるが，一方で女性の全身画像の陰影が映し出されるプライバシー侵害もある．ピストルの所持の有無のみを検知したいのであれば，スケルトン画像のみを映し出すコンピュータ処理をして，監視員に通知する方法がある．

このように，組織(ビジネス慣習)，社会基盤，情報技術を利用する局面において，ポジティブサムの観点で，セキュリティ対策とプライバシー対策の両面を同時に成り立たせる必要がある．

8.1.2　プライバシー・バイ・デザインとは

提唱者であるカナダ・オンタリオ州情報プライバシーコミッショナーのア

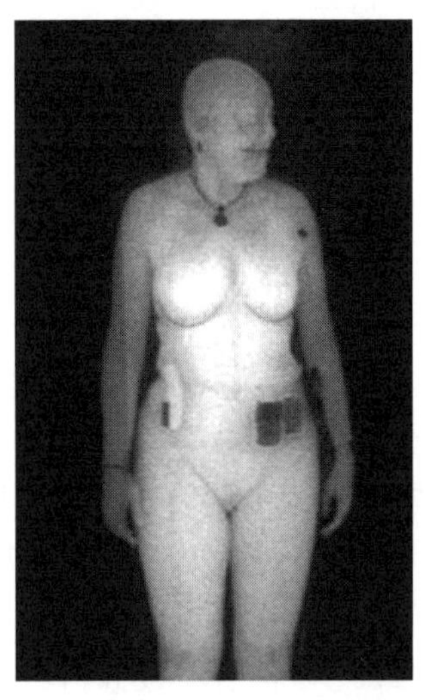

(a)　全身スキャン画像[7]

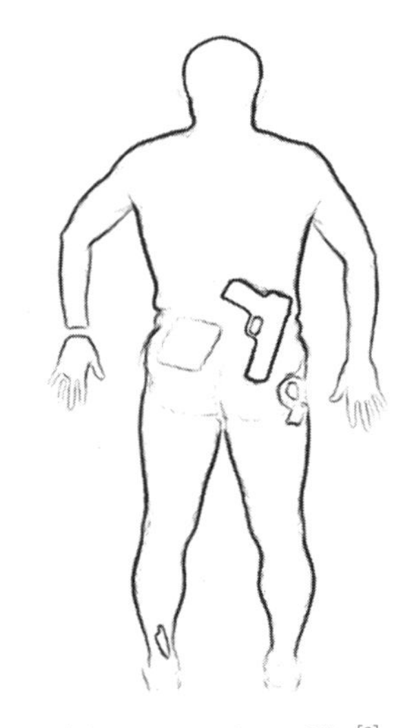

(b)　スケルトン画像[8]

出所)　(a)は U.S. Transportation Security Administration part of U.S. Department of Homeland Security，(b)は American Science and Engineering, Inc.

図8.1　プライバシー保護の適用事例(通関でのスキャナーの適用)

ン・カブキアン(Ann Cavoukian)は，プライバシー・バイ・デザイン(Privacy by Design：PbD)とは「さまざまな技術の設計仕様にプライバシーを埋め込む概念形成と手法」として言及し，「それは，情報技術および情報処理システムの設計，運用，管理に公平な情報処理(Fair Information Practices：FIPs)を構築すること」であるとした[3].

公正な情報の取り扱いには，次の要件を満たすこととしている[3].

- **通知**：個人情報収集する本人への一定事項の通知
  情報を取得し，使用する目的，その情報を再提供する第三者，使用や再提供を制限する手段などについて，本人に通知しなければならない.
- **選択**：取得目的以外の使用や第三者への提供を中止させる権限
  収集目的以外の使用や第三者への提供をやめさせる(オプトアウト)機会を本人に与えなければならない．(オプトイン：Yesと言った情報のみを取り続けることがきる．オプトアウト：Noと言わない限り，情報を取り続けることができる[4].)
- **アクセス・訂正権**：本人のパーソナルデータへのアクセスおよび訂正権
  情報にアクセスし，訂正，削除する権限を本人に与えなければならない.
- **安全性の確保**：パーソナルデータの安全確保
  情報の不正使用，盗用，改ざん，喪失などの防護策を講じなければならない.

8.1.3　プライバシー・バイ・デザインの適用

図8.2は秋葉原駅周辺の防犯カメラの様子である．2008年6月8日に発生した秋葉原の通り魔事件では，7人が死亡，10人が負傷した．その後，秋葉原の歩行者天国は一時，中断していたが，商店街が中心となって，防犯カメラを設置し，歩行者天国を再開した．当然，監視カメラの取得に際し，監視員の教育を行い，防犯目的以外の使用を禁止した．設置している防犯カメラの下には

図 8.2　監視カメラの設置例(秋葉原駅周辺)

「防犯カメラ作動中」の貼り紙をして，防犯目的以外に使用しないことを明示し，歩行者に協力を求めている．

また，JR 川崎駅周辺の街頭防犯カメラシステムでは，監視カメラによって犯罪などの異常を検出し，アラームを川崎署の通信室の当直に発報し，警察官が現場に駆け付ける仕組みを構築している．設置したカメラは川崎駅周辺の犯罪の抑止に寄与している．

米国では，1974 年プライバシー法が制定され，情報の収集と使用を規制している．民間部門の規制は自主的に規制すべきと考え，民間の規制基準は設けなかったが，米国企業の EU における経済活動への影響から，EU 指令に適合できるセーフハーバー７原則を作成し，2000 年に EU の承認を受けて発効した．

米国はプライバシー保護の規定を公的部門に限定し，民間部門に対しては自主規制を重んじた．この方式をセクトラル方式と称し，公的部門および民間部門を含めた EU の包括的な規制をオムニバス方式と称する．

カブキアン[5]は，PbD の適用範囲は技術，ビジネス慣行，物理設計としたが，現実には社会全体に影響が及ぶことから，その適用範囲を技術，ビジネス慣行，社会基盤に分類し，**図 8.3** に適用例を示す．

(1)　情報技術への適用

RFID タグの例である JR 東日本の Suica のカードには，乗降駅，利用日時，利用額，利用者年齢(生年月日)などの情報が記録されている．JR 東日本は匿名性の処理をしているが，これらの情報を暗号化しておき，第三者に情報をスキミングされても，判読不可能な状態にしておけば，乗車履歴の記録に反対する者の懸念は払拭される．

(2)　ビジネス慣行への適用

パーソナルデータの取得する範囲は，個人的な適用場面のみでなく，金融機関との関係，学校や事業所の建物に入退館の際に，本人を確認した後に，入退館できる．当然，本人であることの情報が取得される．薬局や病院のシステム

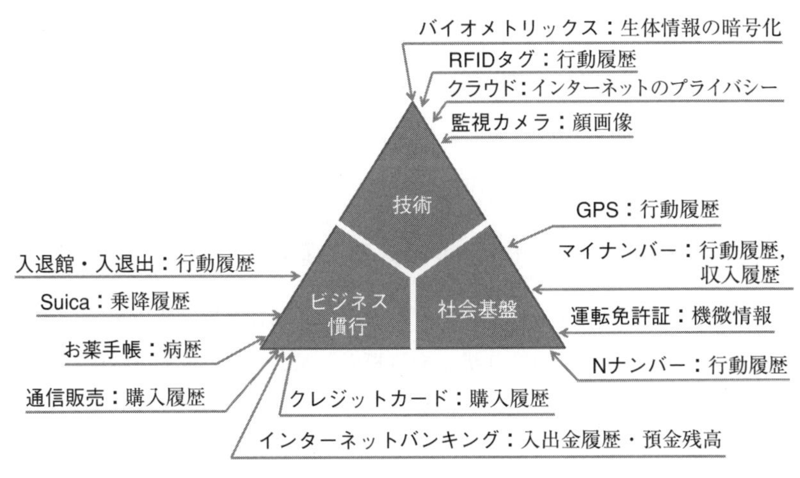

図 8.3　プライバシー・バイ・デザインの適用例

でも，本人であることを確認し，過去の病歴と服用した薬の履歴を追い，副作用がないことを確認して，病歴の情報から病気の診断を行い，薬の調合を行う．過去の病歴や投与した薬の履歴を知りえても，病歴は機微情報（第三者へ漏えいすることにより本人が幸せに生きて行く権利が阻害される情報のこと．JIS Q 15001：2006の箇条3.4.2.3では具体的に何が機微情報にあたるかを示している）にあたるため，第三者への漏えいや，取得した情報の目的外利用が発生しないようにする必要がある．

(3)　社会基盤への適用

携帯電話の普及や，カーナビの普及も，GPSの貢献による部分が大きい．2015（平成27）年10月から施行された番号法も，適用にあたって税の徴収の取りはぐれがないようにすることが，その利用目的である．千葉市では，個人番号カードを全戸に配付し，図書館での貸出し，住民票の発行などの市民サービスに供することを考え，その期待は大きい．一方で，悪意のある第三者にパーソナルデータが漏えいすると，犯罪やプライバシーの侵害へとつながる．番号法では，適用にあたってリスク分析を行い，十分にリスクを低減することを求めている．

システムの構築段階から権限のない者がアクセスできないことや，たとえ第三者が本人になりすましたとしても，本人を確認できるようにするなどの安全対策を講じることが重要である．カードの持ち物による認証のみでなく，パスワードとの組合せや生体認証の仕組みを取り入れるなどである．

8.1.4　プライバシー・バイ・デザインの7原則

前述のとおりプライバシー・バイ・デザイン（PbD）とは，カブキアン[3]が言及したように公正な情報の取り扱いを目標として，「さまざまな技術の設計仕様にプライバシーを埋め込む概念形成と手法」であり，次の7つの原則からなる（**図8.4**）．

①　リアクティブ（事後的）でなくプロアクティブ（事前的）

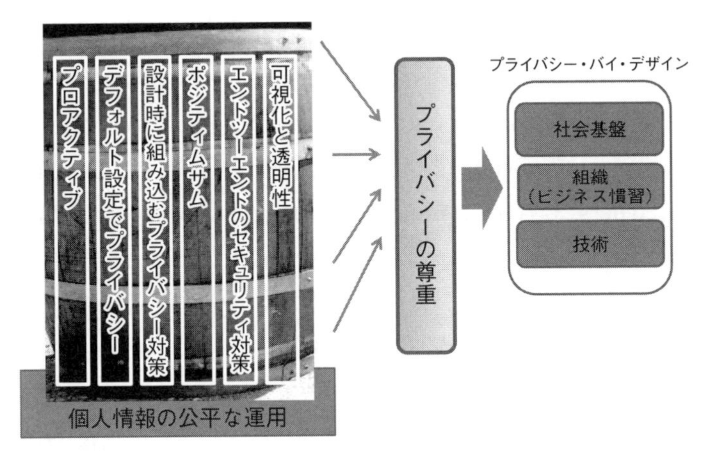

注)　Ann Cavoukian[3]の "Privacy by Design take the challenge" (Information and Privacy Commissioner, 2009)を参考に筆者作成.

図 8.4　プライバシー・バイ・デザインの原則

② デフォルト設定でプライバシー保護

③ 設計時に組み込むプライバシー保護

④ ゼロサムでなくポジティブサム

⑤ エンドツーエンドのセキュリティ対策：ライフサイクル全体の保護

⑥ 可視化と透明性

⑦ 個人のプライバシーの尊重：個人を主体に考える.

PbD の対象は，社会対象の全領域を対象とするが，これらを達成する技術の総称を，プライバシー保護強化技術(Privacy-Enhancing Technologies：PETs)と称する[6]．PETs については，**8.4 節**で詳しく解説する.

8.2　プライバシー・インパクト・アセスメント(PIA)

8.2.1　PIA の定義

PIA (Privacy Impact Assessment)は，「利害関係者からの相談に応じ，負の影響を除去あるいは緩和するために必要な処置を講じ，パーソナルデータの処理を伴うプロジェクト，方針，プログラム，サービス，製品，その他新規着手事項のプライバシーへの影響をアセスメント(分析＋評価)する方法論である.(A privacy impact assessment is a methodology for assessing the impacts on privacy of a project, policy, programme, service, product or other initiative which involves the processing of personal information and, in consultation with stakeholders, for taking remedial action as necessary in order to avoid or minimize negative impacts.)」[2]と定義される.

PIAの結果を反映するためには，プロジェクトの初期の段階でPIAを開始する．また，PIAの開始時点から利害関係者と連結し，プライバシーへの影響を除去あるいは緩和するための観点と意見を集約することが望ましい.

なお，EUのデータ保護指令のデータ保護アセスメントは，第一義的にコンプライアンスチェックを要求し，PIAの要求するものと対象範囲が異なる.

8.2.2　PIAとプライバシーの適合性評価との違い

PIAは，プライバシーを取り扱うシステムの開発前あるいは仕組みの構築前に，プライバシーへの影響を事前に評価する．一方，プライバシーの適合性評価は，現状のビジネスシステムのレベルで，法律および将来において不適合な部分を除去するために，適合・不適合部分を明確にすることを目的とし，PIAと異なる.

逆に，プライバシーの適合性評価とPIAが似ている部分は，同じスキルを用いて，プライバシーの漏えいを防止するという社会的な求めを担っていることである.

プライバシーの適合性評価は，方針，規格，法律への適合性を保証するために，既に構築されたシステムに対して実施される．それとは対照的に，PIAは，プライバシーシステムの開発や構築の初期の段階で，用いられ，最適なプライバシー保護の対策の選択肢を明確にする．仮に，プライバシーシステムの欠陥部分を変更できるならば，プライバシーの適合性評価で得られた情報も，プライバシー影響評価の情報として有益である.

8.2.3　PIA の構成要素

PIA の国際規格に，金融業を対象とした ISO 22307[1]がある．本規格の冒頭では，金融関係のみならず，すべての領域で利用可能と謳っている．したがって，本書では，同規格を他分野への適用を考え，ISO 22307 を紹介する．

しかし，同規格は EU 域内の金融システムを意図して規格化したものであることから，規格本文中の PFS(Proposed Financial System)の用語は，当該業務に，EU 域内の規制要求事項は，日本国内で規制される要求事項に読み換える．

PIA は，次の 6 つの構成要素で構成される[1]．

① PIA 計画
② アセスメント(分析＋評価)
③ PIA 報告
④ 専門的力量(法律および当該業務への専門性と知識)
⑤ 評価者の公共的側面と独立性
⑥ プライバシーシステムの意思決定への利用

(1)　PIA 計画

PIA の対象範囲とプロセスは次のとおりである．

- 当該事業の目的
- プライバシーポリシーには，法規制，業界標準，その他国が定めた関連法令および指針を遵守する旨を規定する．
- 当該事業は，新規事業であるか，あるいは既存のシステムの改善，これらの支援システムであるかどうか．
- PIA は第一義的である．
- 当該事業における法規制要求事項上の制限と，懸念事項
- 仮にアセスメントを他の方法により代替する場合は，文書化された当該事業の目的に沿っていて，経営者が承認していること．

- 当該事業のライフサイクル

(2)　PIA アセスメント（分析＋評価）

以下のとおり，PIA の範囲内で，当該事業の最小の要求事項を示す．

- PIA 計画により定義された範囲内で，アセスメントを実施する．
- PIA 計画で明確にされた力量のある専門家によって，アセスメントを実施する．
- 当該事業の業務プロセスおよびデータフローを用いて，パーソナルデータのアセスメントを実施する．
- プライバシーポリシーとのギャップを分析する．
- セキュリティ計画により，達成できる効果と未達部分を明確にする（影響分析）．
- PIA 報告への検出事項と推奨事項を決定する．

(3)　PIA 報告

報告の様式は問わないが，PIA 報告は少なくとも次の事項を含む．

- 当該事業における PIA の範囲
- 当該事業および既存のシステムの概要
- PIA およびPIA 報告書を作成した人あるいはチームの力量および専門性
- PIA を実施した人およびチームの当該業務あるいは組織の独立性
- PIA 報告書に関する，システム開発の意思決定プロセス
- 関連するプライバシーポリシー，パーソナルデータ処理に関する関連法規制，規格など
- 関連プライバシーポリシーおよび法律に関係したプライバシーリスクとして検出した事項
- プライバシー上の法令等の規制要求事項を遵守し，かつ当該事業の目的を達成するための重大なリスク
- PIA 評価をとおして検出したパーソナルデータのリスク

- 当該事業の目的を達成し，発生したリスクを軽減するための推奨事項
- PIA 報告書は誰に報告し，検出した事項や推奨事項への対策をとる人を明確にする．

(4) 専門的力量(法律および当該業務への専門性と知識)

PIA の実施者は，少なくとも以下の専門性と知識を保有すること．

- プライバシーの関連法令，方針，世界的なプライバシーの原則(例えば，OECD 8 原則)など
- 当該事業のシステム，およびすべての関連する既存のシステムとそれを支援するインフラストラクチャ
- 当該事業の事業プロセスとフロー，更新データ，データフロー，他の関連するシステム

(5) 評価者の公共的側面と独立性

評価者は，事業者および利害関係者から中立的な立場で実施し，評価者の公共的側面と独立性が必要である．例えば，当該事業者や利害関係者と独立した PIA の評価機関や，政府が指名した第三者の規制庁等の機関などが候補として挙げられる．

上記(2)項では，リスクアセスメントの方法論の言及がないので，どのようなリスクアセスメント手法を選択するかは，実施者の裁量に任せられている．

ただし，リスクアセスメントはリスク分析とリスク評価の両方の実施を意味することから，プライバシーへのリスクを特定し，リスクへの影響の大きさを見積もり，影響の重大さを評価するとなる．

リスクの除去あるいは緩和するための対策の実施を，上記(2)項の箇条書き「PIA 報告への検出事項と推奨事項を決定する」と上記(3)項の箇条書き「検出した事項や推奨事項への対策をとる人を明確にする」で，明確に要求している．

8.2.4 PIA導入の効果

PIAは，新規システムの導入や更新システムに対して，適用される法律，官公庁関連の規制，消費者のプライバシー保護への遵守事項の実施を確実にする．また，新規技術や既存技術の流用に対して，プライバシーリスクの除去あるいは緩和を実現する．

PIA導入の効果には，その他に以下のものが考えられる．

- プロジェクトの計画者で，プロジェクトの範囲を明確にし，プライバシー保護を方針として設定する．
- プライバシーの問題は，プロジェクト計画の初期段階に起因することから，プロジェクト計画の初期段階で，プライバシーの対策を組み込む．
- PIAはシステムの構築者とプライバシーの主体者となる個人との相互理解を深め，相互理解の議論の場を提供する（リスクコミュニケーション）．また，さまざまなプライバシー上の要求事項とプライバシー遵守の重要性を認識させる．
- プライバシープログラムのより良い計画を策定し，方針が組織要員に周知され，目標の達成が容易となる．
- プライバシーリスクを特定し，リスクの影響を緩和する方法を明確にする．
- PIAは，プライバシーの保護およびプライバシー方針の周知徹底が図られる．
- 遵守すべき事柄と既存の計画との関係を明確にし，適切なPIA報告を可能とする．

8.3 特定個人情報保護評価

8.3.1 特定個人情報保護評価の想定するリスクと狙い

2015年9月9日に「個人情報の保護に関する法律及び行政手続における特定の個人を識別するための番号の利用等に関する法律の一部を改正する法

律」が公布された．特定個人情報保護法と，プライバシーマーク制度(JIS Q 15001:2006)や個人情報保護法では，その意図する保護の対象や狙いが異なる．プライバシーマーク制度の基準である JIS Q 15001 では，想定されるリスクとして，箇条 3.3.3 で「その取扱いの各局面におけるリスク(個人情報の漏えい，滅失又はき損，関連する法令，国が定める指針その他の規範に対する違反，想定される経済的な不利益及び社会的な信用の失墜，本人への影響などのおそれ)」を明確にすることを要求している．一方，特定個人情報保護評価の対象は，番号制度の導入による「①国家管理，②特定個人情報の不正追跡・突合，③財産その他の被害の概念」[10]を対象とし，国民のプライバシー保護を主体としている．プライバシーとは「他人に知られたくない生活の情報」であり，個人情報保護法で定義された「個人を特定する情報」[15]の概念とは異なる．

いうまでもなく，個人番号は，個人を特定する情報で個人情報の一部である．しかし，そのリスク分析・評価においては狙いを異にする．

プライバシーマーク制度の場合は，民間，行政，地方自治体を含め，すべての事業者に適用可能であった．しかし，民間の事業者は，源泉徴収票作成義務等のために個人番号を取り扱うことになるが，事業者の事業目的で個人番号を利用することは考えられないので，事業者に特定個人情報保護評価を義務づけていない．事業者の判断で特定個人情報保護評価を実施することに，なんら妨げはないが，評価対象となる特定個人情報ファイル(個人情報ファイルに個人番号が含まれるファイル)の保有(当該個人情報を事実上支配している(当該個人情報の利用，提供，廃棄等の取扱いについて判断する権限を有している)[10])がなければ，民間の一般事業者にとって，特定個人情報保護評価は，あまり効用が期待できない．また，特定個人情報保護評価に関する規則では，義務化の要求はない．

特定個人情報保護評価の目的は，次のとおりである[10]．

- 事後的な対応にとどまらない，積極的な事前対応を行うこと．
- 各機関が国民のプライバシー等の権利利益保護にどのように取り組んでいるかについて，各機関が自身で宣言し，国民の信頼を獲得する．

将来，個人番号カードにクレジットの機能が搭載され，ワンカード化を目指すことになれば，クレジット会社に特定個人情報保護評価が義務づけられる．**2.2節**で解説したように，個人番号の利用目的は，社会保障，税，災害対策であることから，当面，特定個人情報保護評価の義務化の対象は，特定個人情報ファイルを保有する機関や地方自治体となる．

情報ネットワークシステムを使用した情報連携を行う事業者には，公的性格の強い年金機構や医療福祉の事業者が予定されている．

特定個人情報保護評価の義務づけ対象者は，次のとおりである[10],[14],[17]．

- 行政機関の長(情報提供ネットワークシステム運営機関を含む)
- 地方公共団体の長その他の機関
- 独立行政法人等
- 地方独立行政法人
- 地方公共団体情報システム機構(個人番号の元となる番号を生成する機関)
- 情報提供ネットワークシステムを使用した情報連携を行う事業者

(特定個人情報保護評価)

第27条　行政機関の長等は，特定個人情報ファイル(専ら当該行政機関の長等の職員又は職員であった者の人事，給与又は福利厚生に関する事項を記録するものその他の特定個人情報保護委員会規則で定めるものを除く．以下この条において同じ．)を保有しようとするときは，当該特定個人情報ファイルを保有する前に，特定個人情報保護委員会規則で定めるところにより，次に掲げる事項を評価した結果を記載した書面（以下この条において「評価書」という．）を公示し，広く国民の意見を求めるものとする．当該特定個人情報ファイルについて，特定個人情報保護委員会規則で定める重要な変更を加えようとするときも，同様とする．

(番号法より)

従来，行政機関や独立行政法人等において，行政機関個人情報保護法や独立行政法人等個人情報保護法にもとづいて，個人情報ファイル簿の作成や公表義務が規定されていたが，個人情報ファイルの事前通知規定は設けていなかった．しかし，各機関における特定個人情報ファイルの取扱いの流れと全体像を示すことによって，国民のプライバシー等の権利保護をどのように取り組んでいるか，自ら公表し特定個人情報ファイルの存在を事前通知することにより，国民から信頼を獲得することを狙いとしている．

また，地方公共団体に対しては，情報提供ネットワークシステムとの情報連携を図り，住民に対して，市長村が指定された個人番号を生成することから，積極的な事前対応のもとに，特定個人情報保護評価の実施を義務づけている．これも，国民から信頼を獲得することを狙いとしている．

個人番号は，個人情報の一部であることから，プライバシーマーク制度との違いがわかりにくいが，特定個人情報保護評価に関する規則は強行法にもとづき，特定個人情報保護評価が義務化され，「特定個人情報保護評価を実施するものとされているにもかかわらず実施していない事務については，情報連携を行うことが禁止される(番号法第21条第2項第2号，第27条第6項)」[10]．

一方，プライバシーマーク制度は，民間の自主的な認証制度で，JIS Q 15001の基準に従って，個人情報保護の仕組みが構築され運用されていると，JIS規格の適格性の証として，プライバシーマークを付与するものである．経営者が方針を策定し，PDCAを用いて，経営者の方針を実現するというマネジメントシステムの有効性に関するものである．したがって，プライバシーマーク制度と強行法としての特定個人情報保護評価とは，その性格が大きく異なる．当然，プライバシーマークを取得している機関であっても，特定個人情報保護評価の実施が義務化される．

8.3.2　特定個人情報ファイル

番号法では，特定個人情報ファイルを次のように定義している．

（定義）

第2条

〈中略〉

4　この法律において「個人情報ファイル」とは，行政機関個人情報保護法第2条第4項に規定する個人情報ファイルであって行政機関が保有するもの，独立行政法人等個人情報保護法第2条第4項に規定する個人情報ファイルであって独立行政法人等が保有するもの又は個人情報保護法第2条第2項に規定する個人情報データベース等であって行政機関及び独立行政法人等以外の者が保有するものをいう．

〈中略〉

9　この法律において「特定個人情報ファイル」とは，個人番号をその内容に含む個人情報ファイルをいう．

〈以下略〉

（番号法より）

「特定個人情報ファイル」とそうでないファイル（個人情報は含むが，特定個人情報ファイルではないファイル＝「個人情報ファイル」）の差は，「単に個人番号が含まれているテーブルのみを意味するのではなく，個人番号にアクセスできる者が，個人番号と紐付けてアクセスできる情報」[14]であるか否かにある．逆に，「アクセス制御等により，不正アクセス等を行わない限り，個人番号を含むテーブルにアクセスできない場合は，原則，特定個人情報ファイルには該当」[14]しない．

図8.5で，機関AのA事務にとっては，複数のデータベース間で，個人番号を含むテーブルを含んでいるので，特定個人情報ファイルである．しかし，B事務にとっては，データベースを参照しているものの，個人番号を含んだテーブルを参照していないので特定個人情報ファイルではない．

同様に，C事務にとっては，アクセス制御によって点線の範囲から実線の範

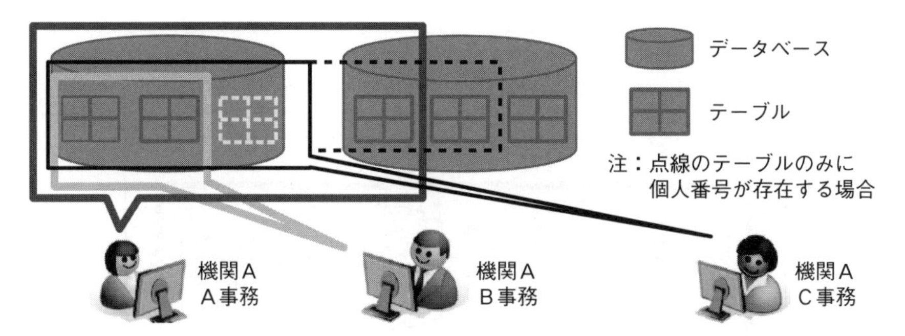

出典）　特定個人情報保護委員会：「特定個人情報保護評価指針の解説」，平成 26 年 11 月 11 日改正，2014，p. 37 の図 5 を一部改変.

図 8.5　個人番号を含む特定個人情報ファイル（その 1）

囲に縮減されているものの，個人番号を含むテーブルが入っているので特定個人情報ファイルである.

図 8.6 のように事務を行う際に，従業者は個人番号を参照できない場合であっても，システムの「内部処理で連携」していると，個人番号と紐づけてアクセスできることには変わりなく，特定個人情報ファイルにあたる.

図 8.7 は，既存番号と個人番号の「対照テーブル」を保有する場合に「対照テーブル以外のテーブルであっても，職員等が個人番号と紐付けてアクセスできる範囲は，特定個人情報ファイルに該当する」[14]ことを図式化したものである．事務システム A から，宛名システムに，宛名番号で検索すると，宛名システムには，「宛名番号」，「4 情報」，「個人番号」が紐づけられており，個人番号にアクセスできる．このように，対照テーブル以外のテーブルであっても，個人番号と紐づけてアクセスできる範囲は，特定個人情報ファイルである.

コンピュータシステムの発達は，メモリーや記憶媒体の容量の増大や，CPU の処理速度の増大以外に，マッチングの技術が進化していることで，便利な反面，オレオレ詐欺などの犯罪に利用されている．将来，個人番号を名寄せして，犯罪に利用される可能性もある．そのため，不正な名寄せが行われないように，番号法で制限を設けている.

事務を行う者は個人番号にアクセスできないが，システムの内部で個人番号が検索キーとして利用され，個人番号により紐付けてアクセスできる範囲が太線の範囲

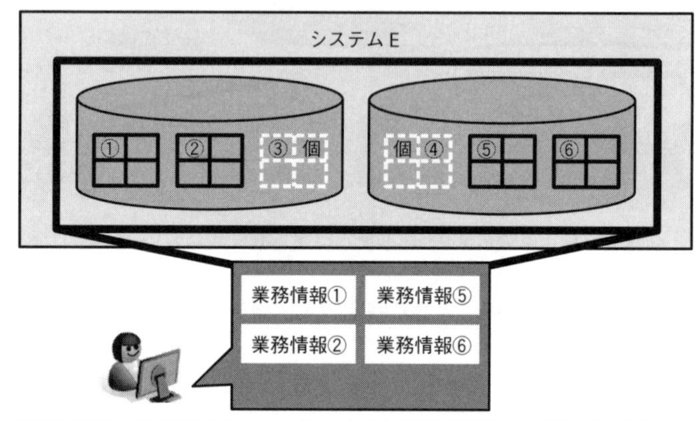

※個人番号と，個人番号を含むテーブルに存在する業務情報③および④は画面上表示されない．

出典）特定個人情報保護委員会：「特定個人情報保護評価指針の解説」，平成 26 年 11 月 11 日改正，2014，p. 38 の図 6 を一部改変．

図 8.6　個人番号を含む特定個人情報ファイル（その 2）

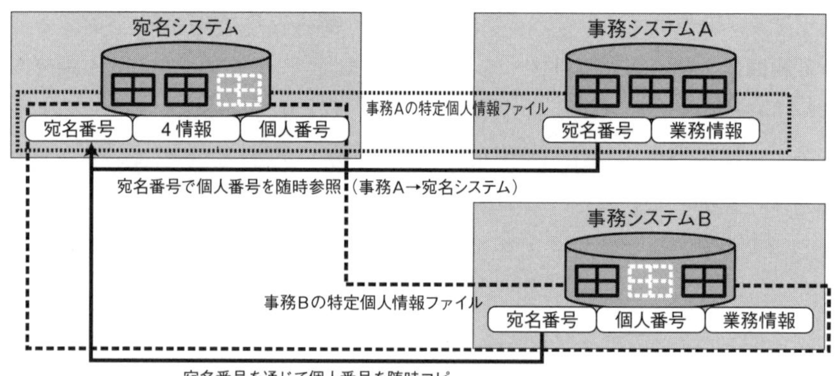

出典）特定個人情報保護委員会：「特定個人情報保護評価指針の解説」，平成 26 年 11 月 11 日改正，2014，p. 39 の図 7 を一部改変．

図 8.7　既存番号と個人番号の対照テーブルの例

8.3.3　特定個人情報保護評価のメカニズム

番号法が適正に運用されるために，番号法の第 36 条によって設けられた委員会が，特定個人情報保護委員会(番号法の改正に伴い 2016 年 1 月 1 日より「個人情報保護委員会」に改組された)である．個人番号の運用および管理の実質的な監視と監督の役割を担う(図 8.8)．

特定個人情報保護評価は，特定個人情報ファイルを保有する各機関，地方公共団体の，自主的な評価が基本で，個人情報保護委員会は，各機関が特定個人情報ファイルを評価したものを，承認する権限をもっている．地方公共団体が特定個人情報ファイルを評価すると，その評価の結果を，個人情報保護委員会に報告するとしているが，地方公共団体が設けた第三者点検委員会に，特定個人情報保護評価の点検を義務化している．第三者点検委員会は研究者，弁護士から構成され，地方公共団体の特定個人情報ファイルの適正な運用と管理を監視および監督する．なお，個人情報保護委員会は，行政等の各機関，地方公共

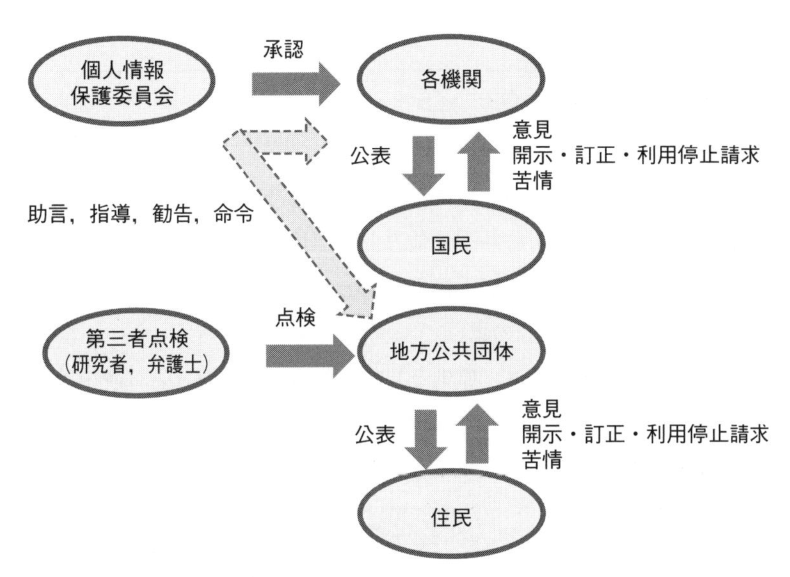

図 8.8　特定個人情報保護評価のメカニズム

団体に対して，統括的な指導・助言，勧告・命令の権限を保有している．

行政等の各機関は，特定個人情報保護評価の結果を，国民に対して公表し，地方公共団体は，特定個人情報保護評価の結果を，住民に対して公表する．また，国民は，各機関に対して，公表されたものに対して，意見，開示・訂正・利用停止請求，苦情を上申することができ，住民は，地方公共団体に対して，同様に，意見，開示・訂正・利用停止請求，苦情を上申することができる．

なお，各機関が自らの特定個人情報評価をとおして，特定個人情報を適正に取り扱っていることを宣言し，国民の信頼を獲得することが目的である．したがって，職員または職員であったものの人事，給与，福利厚生については，各機関の内部情報であり，対象人数が1,000人未満の業務・システムについては，プライバシー等に与える影響が低いと考えられる，手作業処理用ファイル（紙ファイルなど）は大量処理・高速処理・結合の容易性などの点で電子計算機用ファイルと考えられ，特定個人情報保護評価の義務づけ対象外となる．

特定個人情報保護委員会（同委員会は「個人情報保護委員会」に改組）が発行する「特定個人情報保護評価指針」[10]から以下に引用する．

第4　特定個人情報保護評価の対象

1　基本的な考え方

特定個人情報保護評価の対象は，番号法，番号法以外の国の法令又は番号法第9条第2項の規定に基づき地方公共団体が定める条例の規定に基づき特定個人情報ファイルを取り扱う事務とする．

2　特定個人情報保護評価の単位

特定個人情報保護評価は，原則として，法令上の事務ごとに実施するものとする．番号法の別表第一に掲げる事務については，原則として，別表第一の各項の事務ごとに実施するものとするが，各項の事務ごとに実施することが困難な場合は，1つの項に掲げる事務を複数の事務に分割して又は複数の項に掲げる事務を1つの事務として，特定個人情報保護評価の対象とすることができる．別表第一以外の番号法の規定，番号法以外の国の法令又は地方公共団体が定める条例に掲げる事務についても，評価実施機関の判断で，特定個人情報保護評価の対象となる事務の単位を定めることができる．

〈「3　特定個人情報ファイル」は省略〉

4　特定個人情報保護評価の実施が義務付けられない事務

(1)　実施が義務付けられない事務

特定個人情報ファイルを取り扱う事務のうち，次に掲げる事務（規則第4条第1号から第7号までに掲げる特定個人情報ファイルのみを取り扱う事務）は特定個人情報保護評価の実施が義務付けられない．次に掲げる事務であっても，特定個人情報保護評価の枠組みを用い，任意で評価を実施することを妨げるものではない．

ア　職員又は職員であった者等の人事，給与，福利厚生に関する事項又はこれらに準ずる事項を記録した特定個人情報ファイルのみを取り扱う事務（規則第4条第1号）

イ　手作業処理用ファイルのみを取り扱う事務（規則第4条第2号）

ウ　特定個人情報ファイルを取り扱う事務において保有する全ての特定個人情報ファイルに記録される本人の数の総数（以下「対象人数」という．）が1,000人未満の事務（規則第4条第3号）

エ　1つの事業所の事業主が単独で設立した健康保険組合又は密接な関係を有する2以上の事業所の事業主が共同若しくは連合して設立した健康保険組合が保有する被保険者若しくは被保険者であった者又はその被扶養者の医療保険に関する事項を記録した特定個人情報ファイルのみを取り扱う事務（規則第4条第4号及び第5号）

オ　公務員若しくは公務員であった者又はその被扶養者の共済に関する事項を記録した特定個人情報ファイルのみを取り扱う事務（規則第4条第5号）

カ　情報連携を行う事業者が情報連携の対象とならない特定個人情報を記録した特定個人情報ファイルのみを取り扱う事務(規則第4条第6号)

キ　会計検査院が検査上の必要により保有する特定個人情報ファイルのみを取り扱う事務(規則第4条第7号)

また，特定個人情報保護評価の対象となる事務において複数の特定個人情報ファイルを取り扱う場合で，その一部が上記(ウを除く.)に定める特定個人情報ファイルである場合は，その特定個人情報ファイルに関する事項を特定個人情報保護評価書に記載しないことができる.

(2)　特定個人情報保護評価以外の番号法の規定の適用

上記(1)に定める特定個人情報保護評価の実施が義務付けられない事務であっても，特定個人情報保護評価以外の番号法の規定が適用され，当該事務を実施する者は，番号法に基づき必要な措置を講ずることが求められる.

8.3.4　特定個人情報保護評価のステップ

特定個人情報保護評価のステップは，特定個人情報保護評価計画書の作成，特定個人情報保護評価(しきい値判断，基礎項目評価，全項目評価，重点項目評価)から構成される(**図8.9**).

(1)　特定個人情報保護評価の実施時期

特定個人情報保護評価の実施時期については，特定個人情報ファイルを保有する前に，事前評価することを基本としている.

特定個人情報保護委員会(同委員会は「個人情報保護委員会」に改組)が発行する「特定個人情報保護評価指針」[10]から以下に引用する.

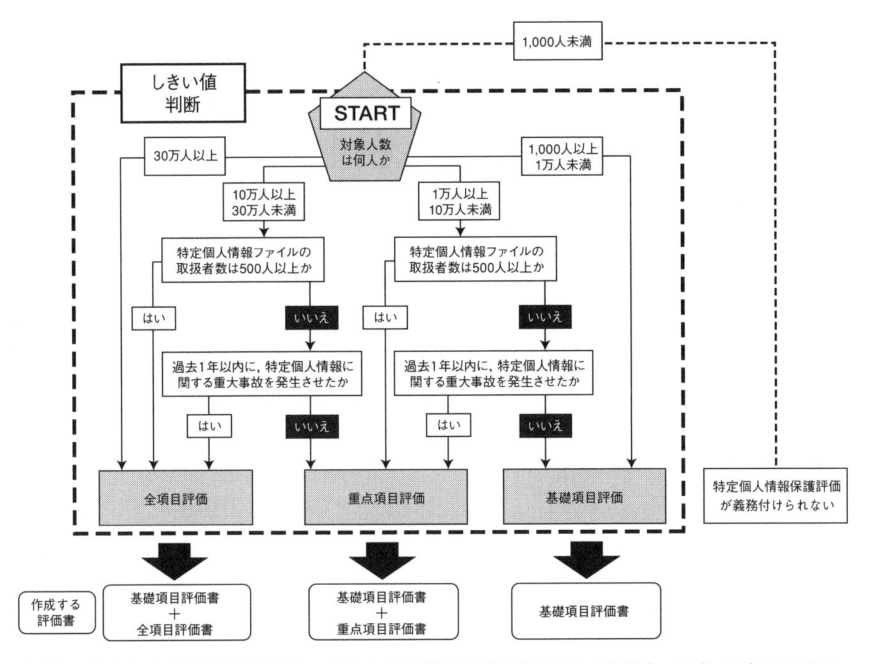

出典)　特定個人情報保護委員会：「特定個人情報保護評価指針の解説」，平成 26 年 11 月 11 日改正，2014，p. 62.

図 8.9　特定個人情報保護評価のステップ

第 6　特定個人情報保護評価の実施時期

1　新規保有時

行政機関の長等は，特定個人情報ファイルを新規に保有しようとする場合，原則として，当該特定個人情報ファイルを保有する前に特定個人情報保護評価を実施するものとする．ただし，規則第 9 条第 2 項の規定に基づき，災害が発生したときの対応等，特定個人情報保護評価を実施せずに特定個人情報ファイルを保有せざるを得ない場合は，特定個人情報ファイルの保有後可及的速やかに特定個人情報保護評価を実施するものとする．

(1)　システム用ファイルを保有しようとする場合の実施時期

ア　通常の場合

規則第９条第１項の規定に基づき，システムの要件定義の終了までに実施することを原則とするが，評価実施機関の判断で，プログラミング開始前の適切な時期に特定個人情報保護評価を実施することができる．

イ　委員会による承認が必要な特定個人情報保護評価の場合

規則第９条第１項の規定に基づき，システムの要件定義の終了までに実施することを原則とするが，要件定義の終了までに実施することが困難な場合は，委員会とあらかじめ協議の上，実施時期を決定することができる．

ウ　経過措置

この指針の適用の日から６月を超えない範囲でシステムの開発におけるプログラミングを開始する場合は，プログラミング開始後，特定個人情報ファイルを保有する前に特定個人情報保護評価を実施することができる．

(2) その他の電子ファイルを保有しようとする場合の実施時期

事務処理の検討段階で特定個人情報保護評価を実施するものとする．

2　新規保有時以外

(1)　基本的な考え方

評価実施機関は，過去に特定個人情報保護評価を実施した特定個人情報ファイルを取り扱う事務について，下記(2)又は(3)の場合には，特定個人情報保護評価を再実施するものとし，下記(4)の場合には，再実施するよう努めるものとする．

再実施に当たっては，委員会が定める特定個人情報保護評価書様式中の変更箇所欄に変更項目等を記載するものとする．下記(2)から(4)まで以外の場合に特定個人情報保護評価を任意に再実施することを妨げるものではない．

新規保有時の特定個人情報保護評価は，要するに次のように考えればよい．

- **個人情報保護委員会の承認が必要ではない場合**[14]

  システムの要件定義段階までに実施することが望ましいが，詳細設計の完了時期までに，特定個人情報保護評価の実施をしなくてはならない．

- **個人情報保護委員会の承認が必要な場合**[14]

  システムの要件定義段階までに実施することが望ましいが，要件定義段階での実施が困難な場合には，委員会と協議の上，システム開発前までに特定個人情報保護評価を実施する．

(2)　情報保護評価計画書[14]

番号法では，個人番号が利用できる範囲と特定個人情報ファイルを作成できる場合を限定している．そこで，特定個人情報ファイルの新規作成や更新にかかわらず，各機関がどのような業務やシステムで，特定個人情報ファイルを取り扱い，どのような時期に，特定個人情報保護評価を実施するか，実施時期を明確にするために，特定個人情報保護評価計画書を作成する（**図 8.9**）．また，しきい値評価書を提出する前に，特定個人情報保護評価計画書を個人情報保護委員会に提出する．

特定個人情報保護評価を実施しないこと，および特定個人情報保護評価の実施時期が遅れると，個人情報保護委員会の指導・助言，勧告・命令などの対象となりうる．

(3)　特定個人情報保護評価[14]

しきい値判断は，特定個人情報保護評価の必要性を判断するために用いられ，その判断により，必要性が低い（基礎項目評価），特に高いとはいえない（重点項目評価），特に高い（全項目評価）に分かれる．特定個人情報ファイルの対象人員が 1,000 人未満は特定個人情報保護評価が義務づけられていない．

図 8.9 に示したとおり，しきい値判断の項目の一つには特定個人情報の事務

の対象者数があり，次の「30万人以上」，「10万人以上30万人未満」，「1万人以上10万未満」，「1,000人以上1万人未満」の区分によって，特定個人情報評価の必要性を判断する．また，特定個人情報ファイルの取扱者数が多い場合(500人以上)や，過去1年以内に特定個人情報に関する重大事故の発生があると，必要性はより高くなる．

以下に，基礎項目評価(関連情報，しきい値判断を含む)，全項目評価，重点項目評価の要点を述べる．

(a)　基礎項目評価

基礎項目評価の目的は，連携を行う場合にはその法令上の根拠を示し，リスクを認識し，リスク対策を講じていることである[14]．特定個人情報保護評価が義務づけられると，その共通項目となる．

基礎項目評価書には次の事項を記載する[11]．

Ⅰ　関連情報
　1. 特定個人情報ファイルを取り扱う事務
　　①　事務の名称
　　②　事務の概要
　　③　システムの名称
　2. 特定個人情報ファイル名
　3. 個人番号の利用
　　法令上の根拠
　4. 情報提供ネットワークシステムによる情報連携
　　①　実施の有無
　　②　法令上の根拠
　5. 評価実施機関における担当部署
　　①　部署

② 所属長

6. 他の評価実施機関

7. 特定個人情報の開示・訂正・利用停止請求

請求先

8. 特定個人情報ファイルの取扱いに関する問合せ

連絡先

Ⅱ しきい値判断項目

1. 対象人数

評価対象の事務の対象人数は何人か

2. 取扱者数

特定個人情報ファイルの取扱者数は500人以上か

3. 重大事故

過去1年以内に，評価実施機関において特定個人情報に関する重大事故が発生したか

出典） 特定個人保護委員会の「様式2 特定個人情報保護評価書(基礎項目評価書)」(平成26年4月20日)から抜粋.

(b) 重点項目評価

重点項目評価の目的は，情報保護評価の必要性が特に高いとまではいえないものについて，全項目評価よりも簡潔な手続かつ評価項目にて評価を行うことである[14].

重点項目評価には次の事項を記載する[12].

Ⅰ 基本情報

Ⅱ 特定個人情報ファイルの概要

1. 特定個人情報ファイル名

2. 基本情報
3. 特定個人情報の入手・使用
4. 特定個人情報ファイルの取扱いの委託
5. 特定個人情報の提供・移転(委託に伴うものを除く.)
6. 特定個人情報の保管・消去
7. 備考

Ⅲ　リスク対策
1. 特定個人情報ファイル名
2. 特定個人情報の入手(情報提供ネットワークシステムを通じた入手を除く.)
3. 特定個人情報の使用
4. 特定個人情報ファイルの取扱いの委託
5. 特定個人情報の提供・移転(委託や情報提供ネットワークシステムを通じた提供を除く.)
6. 情報提供ネットワークシステムとの接続
7. 特定個人情報の保管・消去
8. 監査
9. 従業者に対する教育・啓発
10. その他のリスク対策

Ⅳ　開示請求，問合せ
1. 特定個人情報の開示・訂正・利用停止請求
2. 特定個人情報ファイルの取扱いに関する問合せ

Ⅴ　評価実施手続

出典）特定個人保護委員会：「様式3　特定個人情報保護評価書(重点項目評価書)」(平成26年4月20日)から抜粋.

(c)　全項目評価

全項目評価とは，特定個人情報保護評価の必要性が特に高いものについて行う評価であり，詳細かつ慎重な分析・検討が求められる[14].

全項目評価書には次の事項を記載する[13].

Ⅰ　基本情報

Ⅱ　特定個人情報ファイルの概要

1. 特定個人情報ファイル名
2. 基本情報
3. 特定個人情報の入手・使用
4. 特定個人情報ファイルの取扱いの委託
5. 特定個人情報の提供・移転(委託に伴うものを除く.)
6. 特定個人情報の保管・消去
7. 備考

Ⅲ　特定個人情報ファイルの取扱いプロセスにおけるリスク対策

1. 特定個人情報ファイル名
2. 特定個人情報の入手(情報提供ネットワークシステムを通じた入手を除く.)
3. 特定個人情報の使用
4. 特定個人情報ファイルの取扱いの委託
5. 特定個人情報の提供・移転(委託や情報提供ネットワークシステムを通じた提供を除く.)
6. 情報提供ネットワークシステムとの接続
7. 特定個人情報の保管・消去

Ⅳ　その他のリスク対策

1. 監査
2. 従業者に対する教育・啓発

3. その他のリスク対策

Ⅴ　開示請求，問合せ

1. 特定個人情報の開示・訂正・利用停止請求

2. 特定個人情報ファイルの取扱いに関する問合せ

Ⅵ　評価実施手続

出典）特定個人保護委員会の「様式4　特定個人情報保護評価書(全項目評価書)」(平成26年4月20日)から抜粋.

8.4　プライバシー保護強化技術(PETs)

8.4.1　プライバシー保護強化技術とは

プライバシー保護強化技術(PETs)を，「パーソナルデータの不必要なあるいは不法な処理を防御し，人々のパーソナルデータの管理を高める提供されたツールにより，情報システムでの個人のプライベートな生活の保護を強化する情報および通信技術の総称である」[6]と定義している．つまり，社会対象の全領域を対象としたプライバシー・バイ・デザイン(PbD)を達成する技術の総称を，プライバシー保護強化技術(Privacy-Enhancing Technologies：PETs)と考えてよい．また，プライバシーは，「世界的に基本的な人間としての権利」として考えられている．

ところで，EUのデータ保護指令では，パーソナルデータを「あるがままの個人を識別した，あるいは識別しうるすべての事実(every fact concerning an identified or identifiable natural person)」と定義され，日本の個人情報保護法で定義する個人情報の定義と差異があるので，パーソナルデータの用語を使用するときは，個人情報の範囲を広げて考える必要がある．

よく知られ，広く用いられているPETsの技術には，暗号化技術やアクセス管理がある．パーソナルデータにアクセスする場合には，権限を設定しアクセス管理をする．

さらに進んだ方法としては，電話帳の電話番号と氏名を別々のファイルにもたせ，電話番号だけ，あるいは氏名だけを取得しても意味をなさないように，データを分離して格納する．また，その他の例として，財務，法律，医療分野の情報システムでは，パーソナルデータが使用されている．医療分野では，機微情報として病歴を取り扱うが，他の法律や財務の分野では，病歴は不要で，逆に負債やローンの情報は，医療分野では不要となる．このように，パーソナルデータを連結するのではなく，対象とする領域や分野で，パーソナルデータを分離して取り扱うことにより，パーソナルデータの保護のレベルは向上する．

さらに，パーソナルデータの保護のためには，パーソナルデータを特別なソフトを経由したときのみアクセス可能とする．これらはプライバシー管理システム(privacy management system)とよばれている．情報システムへのアクセスや利用に対して，各々のデータ要素とすべてのシステム機能が，プライバシー上の規制を満たしているかを，コンパイルして即座にチェックすることにより，プライバシーデータの利用が，法規制やプライバシーデータの本人が望まないことのチェックが可能となり，プライバシーデータの保護のレベルがより向上する．

究極のPETsは，パーソナルデータの匿名化に関するもので，個人を特定するパーソナルデータを，まったく保有や登録しない．あるいは，収集や検証し，不必要となったパーソナルデータを，できるだけ使用できないように早く破壊する．しかし，この方法は，パーソナルデータの法規制上の要求事項がある場合や，パーソナルデータに対して権利をもつ本人が好ましくない事柄の制限がある場合，パーソナルデータの保護を最大にするものであるが，匿名化が常に利用可能とはいえない．

8.4.2　PETsの階段

図8.10は，「PETsの階段(PETs staircase)」と呼ばれ，PETsの選択肢とその効果について示したものである．この図は成長モデルを示したものではなく，また，PETsの一つを選択して，究極の匿名化の頂きを目指すものではな

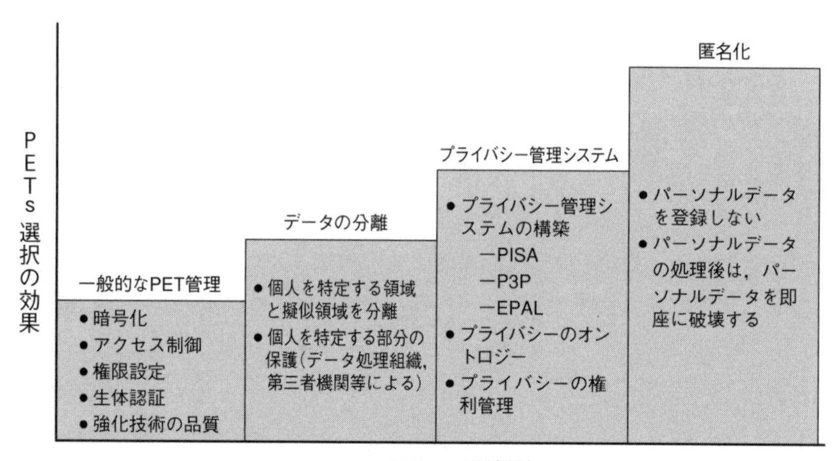

図8.10　PETsの階段

い．情報システムの特性と，情報システムへのパーソナルデータの保護のレベルと機微の度合いの要求度合によって，PETsのタイプを選択する．

PETsの階段には，一般的なPETs管理，データの分離，プライバシー管理システム，匿名化がある．それぞれの階段に分類されるPETsを以下に示す．

【一般的なPETs管理】

- 暗号化
- アクセス制御
- 権限設定
- 生体認証
- 強化技術の品質

【データの分離】

- パーソナルデータを特定する領域と擬似領域を分離
- パーソナルデータを特定する部分の保護(データ処理組織，第三者機関等による)

【プライバシー管理システム】

- プライバシー管理システムの構築
  —PISA，P3P，EPAL
- プライバシーのオントロジー
- プライバシーの権利管理

【匿名化】

- パーソナルデータを登録しない．
- パーソナルデータの処理後は，パーソナルデータを即座に破壊する．

8.4.3　プライバシー管理システム

前述のとおりパーソナルデータの保護のためには，パーソナルデータを特別なソフトを経由したときのみアクセス可能とする方法がある．これらの例には，プライバシー管理システムを構築するための研究プロジェクトのPISA，プライバシー管理システム用のコンパイラーを提供する，P3P，EPAL，プライバシーのオントロジーがある．

これらのソフトを用いることにより，プライバシーデータの利用が，法規制やプライバシーデータの本人が望まないことのチェックが可能となり，プライバシーデータの保護を強化する．

以下にそれぞれの解説を加える．(1)項はプライバシー管理システムの構築用に特化し，(2)項は記述言語である．

(1)　プライバシー管理システムの構築

- **PISA（Privacy Incorporate Software Agent）**：インターネットでの電子化されたパーソナルデータを保護するために，EUが補助金を出して設立したソフトウェア開発研究プロジェクト．
- **P3P（Privacy Preference Protocol）**：情報システムが読み取り可能な標準的様式で，インターネットユーザーがプライバシー上好ましいと考える事柄を，たやすく反映できるツール．

- **EPAL（Enterprise Privacy Authorization Language）**：IBM と ZeroKnowledge により開発された言語で，あらかじめ定められたフレームワークを用いて，パーソナルデータの処理を自動的に実現するために，プライバシー管理システムのなかで用いられるオブジェクト（プライバシーオントロジーを参照）間の関係を記述する言語．

(2)　プライバシーオントロジー（Privacy Ontology）

オントロジーとは，特別な知識フィールドでのある知識要素とそれらの相互関係を記述でき，情報システムで使用できる正式な機械言語である．

プライバシーオントロジーは，システムがプライバシー法を自動的に優先して，パーソナルデータを処理する．また，処理するデータ保護の知識領域についての知識を，曖昧な形で，あるいは標準的な形で，記述する機械言語である．

8.4.4　PETs の情報システムへの適用

PETs の適用にあたっては，対応するコストと効果を考えながら，パーソナルデータの格納と保護方法の必要性を考える．開発および運用プロセスの段階を含めて，パーソナルデータの保護をシステム要件の一つとして捉え，次の事項を配慮する．

- パーソナルデータの不必要な開示を未然防止
- パーソナルデータの不正処理からの防御
- プライバシーを強化する特別な技術の適用

パーソナルデータが，法規制や組織等の規定要求事項に含まれていると，PETs の実現は容易であるが，新規プロジェクトの発足や主要なシステムの更新があるときに，PETs を要求事項として，要求仕様や基本設計に含める．

8.1 節で紹介したように，PETs の成功は，プライバシー・バイ・デザインとの密接な関係をもっていることから，プライバシー保護の遵守，リスク分析，テスト，PETs の維持の各局面に焦点を当て，要求定義，基本設計，運用，維持の情報システムのライフサイクルの全段階にわたってPETsを導入する．

また，プロジェクトの初期段階で，プロジェクトの方針策定，プライバシーの統括責任者，プロジェクトの総責任者が，情報システムへのPETsの導入を意思決定することが重要である．

参考文献

[1] ISO/TC 68/SC 7："ISO 22307：2008 Financial services — Privacy impact assessment," 2008.

[2] David Wright, Paul de Hert (Eds): *Privacy Impact Assessment*, Springer, 2008.

[3] Ann Cavoukian: "Privacy by Design take the challenge," Information and Privacy Commissioner, 2009.

https://www.privacybydesign.ca/content/uploads/2010/03/PrivacybyDesignBook.pdf

[4] 畠中伸敏 編著，折原秀博，加藤文也，伊藤重隆 著：『個人情報保護とリスク分析』，日本規格協会，2005.

[5] 堀部政男，日本情報経済社会推進協会 編，アン・カブキアン 著，JIPDEC 訳：『プライバシー・バイ・デザイン』，日経BP社，2012.

[6] KPMG Information Risk Management: "Privacy-Enhancing Technologies White Paper for Decision-Makers," 2004.

https://is.muni.cz/el/1433/podzim2005/PV080/um/PrivacyEnhancingTechnologies_KPMGstudy.pdf

[7] https://en.wikipedia.org/wiki/File:Backscatter_x-ray_image_woman.jpg

[8] http://www.businesswire.com/news/home/20061205006133/en/CLARIFICATION-MEDIA-ALERT-American-Science-Engineering-Issues

[9] 特定個人情報保護委員会：「特定個人情報保護委員会規則第一号　特定個人情報保護評価に関する規則」，平成26年4月18日，2014.

http://www.ppc.go.jp/files/pdf/kisoku.pdf

[10] 特定個人情報保護委員会：「特定個人情報保護評価指針」，平成26年4月20日，2014.

http://www.ppc.go.jp/files/pdf/shishin.pdf

［11］ 特定個人保護委員会：「様式2　特定個人情報保護評価書（基礎項目評価書）」，平成26年4月20日，2014.

http://www.ppc.go.jp/files/pdf/youshiki2.pdf

［12］ 特定個人保護委員会：「様式3　特定個人情報保護評価書（重点項目評価書）」，平成26年4月20日，2014.

http://www.ppc.go.jp/files/pdf/youshiki3.pdf

［13］ 特定個人保護委員会：「様式4　特定個人情報保護評価書（全項目評価書）」，平成26年4月20日，2014.

http://www.ppc.go.jp/files/pdf/youshiki4.pdf

［14］ 特定個人情報保護委員会：「特定個人情報保護評価指針の解説」，平成26年11月11日改正，2014.

http://www.ppc.go.jp/files/pdf/explanation.pdf

［15］ 個人情報の保護に関する法律（平成15年5月30日法律第57号），2003.

［16］ 内閣官房：「特定の個人を識別するための番号の利用等に関する法律の一部を改正する法律」，国会提出日平成27年9月9日.

［17］ 特定個人情報保護委員会：「特定個人情報保護評価の概要」，平成26年9月，2014.

http://www.ppc.go.jp/files/pdf/syousai.pdf

第9章

組織風土の改善

9.1 経営者の責任

ここ数年の間にセキュリティ特性が変化し，ハッカーやクラッカーと呼ばれる集団の性格や攻撃方法が変化している．ハッカーやクラッカーは組織的となり，攻撃方法も，個人を対象とするものよりも，組織内部への侵入拡大を試みている．

セキュリティ特性の時代的変化に対して，企業や機関は，柔軟に組織の体質を変化し，組織改善を図る必要があるが，セキュリティホールや脆弱性を放置し，外部からの攻撃を受けて，初めて情報セキュリティ上の欠陥があることに気づく場合が多い．例えば，ソニー・コンピュータエンタテインメントのゲーム機プレイステーション3のサービスサイトの7,000万人の個人情報の漏えいの事件の例では，Open SSH 4.4の古いバージョンのソフトを使用していたために，ハッカー集団からの侵入を容易にした．また，ハッカー集団によるSQLインジェクションによる攻撃も行われ，Web画面の脆弱性対策を怠っていた．このように，コンピュータシステムそのものに依存する脆弱性と，組織内部の人間に起因する組織上の欠陥を放置することは，経営者の責任として考えられている．つまり，経営者の責任は，次のように整理できる．

- 脆弱性のある欠陥をリスク分析せずに放置すること．
- 組織内部の人間に起因するものを放置すること．

ところで，バーナード[1]は，利益優先，効率重視，成果主義の結果として，組織要員の正当なる評価が歪められ，特定の人物による地位の独占を強められる．また，賃金，名誉，威信が地位により，配分の差異があることを指摘した．これらが階層組織の逆機能として働く結果，不祥事や事故が発生するとした．さらに，企業の生産活動の根幹となるテイラーイズムでは，「能率」は，投入と産出の関係で決まるとしたが，サイモン[2]は，組織の目標に企業活動の社会的価値が加えられてこそ，企業活動は意義あることで，組織目標と「社会的価値」の不協和により，社会的不祥事や事故が発生するとした．

大日本印刷の個人情報863万件の漏えい事件，ベネッセコーポレーションの2,300万件の顧客データの漏えい事件は，いずれも組織目標と社会的価値の不協和と，委託先の従業者により個人情報が漏えいする組織構造のなかで発生している．これは，下請負事業者が一次，二次から五次請まであり，最後は一人親方の構造となる建築土木業界と似た構造がある．この構造的欠陥が階層組織の逆機能となって，情報セキュリティインシデントの発生を助長している．

下請負契約者の組織構造に対して，バーナードは「公式の上位組織やリーダが存在しなくても，全体として協働する」組織として，側生組織(lateral organization)[3]の存在を主張し，株主，債権者，消費者，原材料供給者，政府，地方自治体などがこれに含まれ，委託先や下請負契約者は，原材料供給者の範疇となる．

一方，ISO/IEC 27001：2013(情報セキュリティマネジメントの国際規格)の箇条5.3には「組織の役割，責任及び権限」が規定され，同6.1.1a)およびb)には，「意図した成果を達成できることを確実にする」，「望ましくない影響を防止又は低減する」とある．また，情報セキュリティの事件・事故の対策として，同附属書Aには，114の管理策と35の管理目的が掲げられている．

同様に，JIS Q 15001：2006(個人情報保護マネジメントシステム―要求事項)の箇条3.3.4でも，「資源，役割，責任及び権限が規定され，個人情報保護マネジメントシステムを確立し，実施し，かつ，改善するために不可欠な資源を用意しなければならない」ことを要求している．

これらの規格は，まず，最初に経営者の意識を変え，企業にとって重要な情報や個人情報を取扱う従業者の意識を向上させ，情報保護の仕組みを構築することによって事件・事故を防止することを目標にしている．

9.2　階層型組織の逆機能[4]

バーナードは地位システムの欠陥および階層制度の欠陥（逆機能）として，次の2つの点を挙げた[1],[4]．

①　地位システムとしての欠陥[1],[4]

地位システムの個人に課している問題として，以下の諸点が挙げられる．

- 階層制は，地位システムとして個人に対する真実の評価を歪めること．
- エリートの地位の循環を不当に制約すること．特定人物による地位の独占を強めることが問題となる．
- 公正な地位と機能，責任などの配分システムを歪めること．賃金，名誉，威信は地位により，配分の差異があること．

②　階層制度の欠陥[1],[4]

- 管理機能を誇張して，モラルの機能を妨げる．
- 過度の象徴化機能である．時には人間が地位と本来の自己の評価とを混同することが大きな問題とある．
- 組織の凝集性，調整には不可欠であるが，階層制は，組織の弾力性と適応性を減ずるものである．

例えば，ベネッセコーポレーションの例では，外部委託先の派遣社員から，顧客情報の漏えいは，企業の組織階層の下位に委託先という階層を設け，さらに委託先に派遣される派遣社員の階層をつくり出している．階層構造のなかに現れるモラルの低下と，ベネッセの業務のなかで重要な業務に携わるにもかかわらず，派遣社員に支払われるべき正当な賃金に対する不満が顕在化し，USB接続できる携帯電話を用いて顧客情報を持ち出し，名簿屋に引き渡した．

これらの兆候は，個人情報の管理が委託先に任された場合に多く出現し，ベネッセの事例以外にも，大日本印刷の宛名書きシステム開発の委託による委託先の従業者からの個人情報の漏えいがある[5].

9.3　企業目標と社会的価値の不協和

サイモンは，テイラーイズムの投入と産出の関係で決まる生産性の考え方に対して，組織は，組織目標と社会的価値が協和してこそ，企業としての価値が高まり，企業の不祥事の発生を抑えることができ，組織に対する従業員の忠誠心が高まることを主張した[2],[4].

すべての個人情報の漏えいの事故・事件は，組織目標と社会的価値の不協和が少なからず関係している．経営者が組織の社会的使命の認識が低く，下請負企業の派遣社員に業務を委託する．女医が患者のカルテを自宅に持ち帰り，PC の盗難に遭い個人情報を流失するなど，経営者および従業者の意識の欠如に起因している[2],[4].

参 考 文 献

[1]　Chester I. Barnard: *The Functions of the Executive*, Harvard University Press, 1938.

[2]　Herbert A. Simon: *Administrative Behavior*, The Free Press, 1945.

[3]　眞野脩：「バーナード理論における Lateral Organization の位置」,『北海道大学経済学研究』, 39-1, June, 1989.

[4]　景山僖一：「組織における階層制と企業不祥事：組織に対する従業員の忠誠心　」, *Reitaku Innternational Jounal of Economic Studies*, Vol. 20, No. 2, September, 2012.

索　引

◆著者紹介

畠中 伸敏(はたなか のぶとし)

1947年に生まれる．慶應義塾大学大学院工学研究科修士課程修了．工学博士．キヤノン㈱を経て，現在，東京情報大学大学院総合情報学研究科教授．東海大学政治経済学部経営学科非常勤講師．

主著に『環境配慮型設計』(単著，日科技連出版社)，『予防と未然防止』(監修，日本規格協会)，『情報心理』(編著，日本文教出版社)，『情報セキュリティのためのリスク分析・評価』(編著，日科技連出版社)，『個人情報保護とリスク分析』(編著，日本規格協会)，『顧客満足システムの構築』(共著，日科技連出版社)など多数．

日本品質管理学会 品質技術賞(2000年，2002年)，言語処理学会優秀発表賞(2002年)．

機密情報の保護と情報セキュリティ

2016年1月21日　第1刷発行
2016年6月17日　第2刷発行

著者　畠中　伸敏
発行人　田中　健

発行所　株式会社　日科技連出版社
〒151-0051　東京都渋谷区千駄ヶ谷5-15-5 DSビル
電話　出版　03-5379-1244
　　　営業　03-5379-1238

検印省略

Printed in Japan

印刷・製本　河北印刷㈱

ISBN 978-4-8171-9575-3
URL http://www.juse-p.co.jp/